电子电气基础课程系列教材

电工电子技术（第4版）实验教程

杨　艳　徐淑华　主编

电子工业出版社

Publishing House of Electronics Industry

北京·BEIJING

内 容 简 介

本书是"十二五"普通高等教育本科国家级规划教材《电工电子技术》（第4版）（ISBN 978-7-121-32032-3）的配套实验用书，可作为高等学校非电类专业电工电子技术实验课程教材使用。

本书全面介绍了电工电子技术实验基础，实验内容分5个模块设置：电路基础实验、模拟电子技术实验、数字电子技术实验、电气控制技术实验和EDA仿真实验（电子文档）。实验项目分三个层次编写：基础验证、综合设计、提高创新，共给出了各层次实验项目27个，以及大部分实验报告模板。

为了节省篇幅，将常用电子元器件、电工电子测量方法、电路设计与仿真、EDA仿真实验等内容，以及教学课件、教学视频、元器件说明书等教学资源，全部放到华信教育资源网（www.hxedu.com.cn）上，需要的读者可以注册后免费下载。

图书在版编目（CIP）数据

电工电子技术（第4版）实验教程/杨艳，徐淑华主编. —北京：电子工业出版社，2019.3
ISBN 978-7-121-35500-4

Ⅰ.①电… Ⅱ.①杨… ②徐… Ⅲ.①电工技术－实验－高等学校－教材②电子技术－实验－高等学校－教材 Ⅳ.①TM-33②TN-33

中国版本图书馆CIP数据核字（2018）第258013号

策划编辑：冉　哲
责任编辑：底　波
印　　刷：北京盛通数码印刷有限公司
装　　订：北京盛通数码印刷有限公司
出版发行：电子工业出版社
　　　　　北京市海淀区万寿路173信箱　邮编　100036
开　　本：787×1 092　1/16　印张：16.25　字数：416千字
版　　次：2019年3月第1版
印　　次：2024年9月第12次印刷
定　　价：58.00元

凡所购买电子工业出版社图书有缺损问题，请向购买书店调换。若书店售缺，请与本社发行部联系，联系及邮购电话：（010）88254888，88258888。
质量投诉请发邮件至zlts@phei.com.cn，盗版侵权举报请发邮件至dbqq@phei.com.cn。
本书咨询联系方式：ran@phei.com.cn。

前　言

本书是"十二五"普通高等教育本科国家级规划教材《电工电子技术》（第4版）（书号：ISBN 978-7-121-32032-3）的配套实验用书，可作为高等学校非电类专业电工电子技术实验课程教材使用。

本书的编写本着"坚实基础、注重综合、强化设计、旨在创新"的理念，实验内容按照主教材的5个模块设置，涵盖电路基础实验、模拟电子技术实验、数字电子技术实验、电气控制技术实验、EDA仿真实验（电子文档），涉及各层次实验项目27个，方便各学科专业根据实验学时和教学要求的不同选择使用。

为了节省篇幅，将常用电子元器件、电工电子测量方法、电路设计与仿真、EDA仿真实验等内容，以及教学课件、教学视频、元器件说明书等教学资源，全部放到华信教育资源网（www.hxedu.com.cn）上，需要的读者可以注册后免费下载。

本书根据《高等学校实验教学示范中心的建设标准》编写，突破传统实验模式，以实验慕课为基础，建立开放自主性与研究性学习模式。本书在编写中依据教学体系建设的需要，每个模块中实验内容的安排由浅入深。每个实验项目中的实验任务都分为基本和扩展实验任务两部分；实验原理对基本和扩展实验任务涉及的理论及方法进行了介绍；实验预习要求尽量具体化，在书中留出了解答的位置，方便学生使用。

本书分层次、一体化地构建实验内容：对于基础性实验，在实验指导中给出参考电路和实验方法与步骤，使学生掌握基本实验理论、基本实验方法和基本实验技能，培养基本素质；对于综合性实验，只提出要求，让学生自行设计实验电路和方案，独立完成实验任务，既有课程中不同知识点的综合，又有实验技能、测试方法的综合，可提高学生对电工电子技术相关知识的综合应用能力。

本书以学生为本，从减轻学生课业负担的角度出发，提供详尽的实验报告模板，让学生摆脱枯燥的抄写过程，并将重点放在实验数据分析整理、实验现象的思考总结上。为方便学生使用，实验报告模板全部放在本书的最后。

本书的编写是在电工电子国家级实验教学示范中心（青岛大学）的大力支持下完成的。电工电子技术实验综述及常用电子元器件、电工电子测量方法、电路设计与仿真（电子文档）由徐淑华、杨艳编写，电路基础实验由马慧敏、臧宏文编写，模拟电子技术实验由吴新燕、吕慧显编写，数字电子技术实验由王贞、王涛编写，电气控制技术实验由马艳、刘丹编写，EDA仿真实验（电子文档）由范秋华、辛凤玲编写，全书由杨艳统稿。

本书在编写过程中，学习和借鉴了大量参考资料，在此向所有作者表示诚挚的感谢。

由于作者水平所限，书中的错误和不当之处在所难免，恳请各位读者批评指正。

作　者
于青岛大学

目　　录

目 录

第 0 章　电工电子技术实验综述

实验是获得第一手资料的重要方法，是探索自然奥秘和事物客观规律的必由之路，是检验真理的唯一标准，是推动科学发展的有力手段。

实验教学是将理论知识与实践活动、间接经验与直接经验、抽象思维与形象思维相结合，科学思想、方法与技术相结合的教学过程。实验教学具有直观性、实践性、物质性、技术性、综合性和科学性，能够起到传授知识、培养能力、提高素质的全面作用。

在高等学校理工科各专业学生的培养过程中，按照一定的教育计划和目标，在教师指导下，组织学生运用一定的条件，观察和研究客观事物的本质和规律，以传授知识、培养能力、提高素质为目的，让学生亲自运用实验手段，动手动脑独立完成实验，综合运用所学知识和技能，自主完成实验操作，进行系统分析、比较、归纳等思维活动，是全面推进素质教育、培养创新人才的重要组成部分。

0.1　实验课的目的

"电工电子技术"是高等学校理工科各专业的一门实践性很强的专业基础课。"电工电子技术实验"是将电工电子技术理论应用于实践，通过该课程的学习，使学生得到电工电子基本实践技能的训练，学会运用所学理论知识判断和解决实际问题；加强工程实际观念和严谨细致的科学作风，为本学科的专业实验、生产实践和科学研究打下基础。

电工电子技术实验作为重要教学环节，对培养学生理论联系实际的学风，研究问题与解决问题的能力，创新能力与协作精神，针对实际问题进行电子设计制作等能力具有重要作用。

通过电工电子实验课程的学习和实践，使学生学会识别电路

图、合理布局和连线、正确测试、准确读取和记录数据，能排除实验电路中的简单故障和解决实验电路中的常见问题；学会正确选择和使用常用的电工仪表、电子仪器、实验设备和工具，掌握典型应用电路的组装、测量和调试方法，能够正确处理实验数据、绘制曲线图表和进行误差分析，具有一定的工程估算能力。学会查阅相关技术手册和上网查询资料，合理选用实验（元）器件（参数）；学会使用 EDA 仿真软件，对实验电路进行仿真分析和辅助设计；掌握常用单元电路或小系统的设计、组装和调试方法，具备一定的综合应用能力；具有独立撰写实验报告的文字表达能力；学会从实验现象与实验结果中归纳、分析和创新实验方法；提高科学素养，包括养成严谨的工作作风，严肃认真、实事求是的科学态度，勤奋钻研、勇于创新的开拓精神，遵守纪律、团结协作和爱护公物的优良品德。

一个完整的实验过程应包括实验准备、实验操作和实验总结等环节。不论是验证性实验还是综合性实验，各环节的完成质量都会直接影响实验的效果。

0.2　实验准备

实验准备即实验预习。有效的实验预习，是保证实验顺利进行的必要步骤，是提高实验质量和效果的重要环节。

1. 基础性实验的预习

对于基础性实验，实验预习应按以下步骤进行：

1）仔细阅读实验指导书，了解本次实验的目的和任务，熟悉与本次实验相关的理论知识，掌握本次实验的原理。

2）根据给出的实验电路与元器件参数，进行必要的理论计算。实验中所用的实际元器件不同于理想元器件，同一种性质（类型）的元器件会因型号和用途的不同，在外观形状上存在一定差异，在

标称值和精度等内部特性方面也有很大差别。电工电子技术实验所涉及的元器件主要包括电阻器、电感器、电容器、二极管、稳压管、晶体管、场效应管、各种集成电路芯片、各种开关、各种指示灯、熔断器、继电器、接触器、变压器、电动机、传感器等。

3）详细阅读本次实验所用仪器仪表的使用说明，熟记操作要点。仪器仪表主要包括电压表、电流表、功率表、电度表、直流电源、函数信号发生器、示波器、计算机等。在实验前必须了解和熟悉它们的功能、基本原理及操作方法，并正确选用。

4）设计或掌握操作步骤和测量方法。操作步骤是指实验的操作流程，它是培养良好操作习惯的重要环节。因此，为完成实验任务所设计的操作步骤必须细致，充分考虑各种因素的影响，包括每步操作的注意事项、仪器设备和人身的安全措施、测量数据的先后顺序等。

5）确定观察内容、测试和记录数据。预习时应拟好所有记录数据和有关测试内容的表格或图框。凡要求首先进行理论计算的内容必须在预习中完成，并尽量把理论数据填写在用于记录实验数据的表格中，以便与记录的实验数据进行对比分析。

2. 综合性实验的预习

对于综合性实验，除进行以上基本步骤外，还应在实验预习中完成以下步骤。

1）深入理解实验题目所提出的任务与要求，阅读有关的技术资料，学习相关的理论知识。

2）进行电路方案设计，选择电路元器件参数。

3）使用仿真软件进行电路性能仿真与优化设计，进一步确定所设计的电路原理图和元器件参数。仿真分析是运用计算机软件对电路特性进行分析和调试的虚拟实验手段。在虚拟环境中，不需要

真实电路的介入，不必顾及设备短缺，以及时间与地点的限制。因此，在进行实际电路搭建和性能测试之前，可以借助仿真软件对所设计的电路反复进行更改、调整和测试，以获得最佳的电路指标和拟定最合理的实测方案。同时，对实验结果做到心中有数，以便在实物实验中有的放矢，少走弯路，提高效率，节省资源。常用的仿真软件有 Multisim、Protel、TINA 等，应当把仿真软件作为实验的基本工具，加以掌握和应用。

4）拟定实验步骤和测量方法，设计记录表格，选择合适的测量仪器。

3. 预习报告

在实验进行前，必须按照要求写出预习报告。在预习报告中要完成所有与本实验相关内容的问题解答。

要特别注意，在预习阶段还要根据自身实际情况及实验需要，尽可能通过网络、图书馆等信息资源，更多地了解相关知识，拓宽预习范围。例如，各实验所需元器件的基本原理和选用知识、仪器仪表的使用方法、特殊元器件的应用、实验注意事项、安全操作规范等。这些对积累经验和培养实践能力将会有很大帮助。

0.3 实验操作

在完成实验预习后，即可进入实验操作阶段。实验操作是在预习报告的指导下，按照操作步骤进行有条不紊的实际操作的过程，包括熟悉、检验和使用元器件与仪器设备，连接实验电路，实际测试与数据记录，以及实验后的整理等工作程序。

0.3.1 操作流程

1. 熟悉设备，检查元器件

实际操作前要注意两点：第一，要认真听取指导教师对实验装

置的介绍，或通过其他教学资源或平台了解本次实验所用实验设备、仪器的功能与使用方法；第二，要对所用元器件和导线等，进行简单的测试。为了保证在实验中使用的元器件和导线是完好的，在使用之前一定要用万用表进行简单测试，如导线有没有断开，二极管是否完好等。

2. 连接实验电路

按实际实验电路图连线。连接实验电路是实验过程中的关键性工作，也是评判学生是否掌握基本操作技能的主要依据。通常，连接实验电路需要注意以下几点。

1）合理摆放实验对象。电源、负载、测量仪器等实验对象摆放的一般原则是，使实验电路的布局合理（即对象摆放的位置、距离、连线长短等对实验结果影响小），使用安全方便（即实验对象的连线、调整、测读数据均方便，摆放稳固，操作安全），连线简单可靠（即用线短且用量少，尽量避免交叉干扰，防止接错线和接触不良）。

2）连接的顺序要根据电路的结构特点及个人熟练程度而定。对初学者来说，一般按电路图上的节点与各实物元器件接头的一一对应关系来顺序连线。对于复杂的实验电路，通常先连接串联支路，后连接并联支路；先连接主回路，后连接其他回路；先连接各个局部，后连接成一个整体。实验电路走线、布线应简洁明了、便于测量，导线的长短、粗细要合适，尽量短、少交叉，防止连线短路。所有仪器设备和仪表，都要严格按规定的接法正确接入电路中（例如，电流表及功率表的电流线圈一定要串接在电路中，电压表及功率表的电压线圈一定要并接在电路中）。

3）巧用颜色导线。为便于查错，连线可用不同颜色的导线来区分。例如，电源"+"极或（交流）"相"端用红色导线，电源的"−"极或"中性"端用蓝色导线，"地"端用黑色导线。有接线头的地方要拧紧或夹牢，以防止接触不良或脱落。

4）注意地端连接。电路的共地端和各种仪器设备的接地端应接在一起，既可作为电路的参考零点，又可避免引起干扰。在一些特殊的场合，仪器设备的外壳应接地保护或接零保护，以确保人身和设备安全。在焊接和测试 MOS 器件时，电烙铁和测试仪器均要接地，以防它们漏电而损坏 MOS 器件。在测量时，要特别注意防止因仪器和设备之间的"共地"而导致被测电路局部短路。

5）注意屏蔽。对于中频和高频信号的传输，应采用屏蔽线。同时，将靠近实验电路的屏蔽线（外导体）进行单端接地，以提高抗干扰能力。

3. 实验电路通电

完成实验电路连线之后，不能立刻通电实验，必须进行复查。要对照实验电路图，由左至右或由电路中有明显标记处开始一一检查，不能漏掉一根哪怕是短小的连线。按照"图物对照，以图校物"的基本方法加以检查。对于初学者，检查电路连线是很有意义的一项工作，它既能加深对电路连接的认识，又是建立电路原理图与实物安装图之间内在联系的训练机会。其主要内容是，检查电路是否接错（或短路），是否多连或少连导线，电源的正负极、地线和信号线连接是否正确，连接的导线是否导通等。检查电路连线是保证实验顺利进行、防止事故发生的重要措施。特别是针对强电（36V 以上）的实验电路，接完线后一定要按照自查、同学互查、教师复查的程序，由教师确认无误后方可通电。尤其做强电实验时要注意：手合电源，眼观全局，一有异常现象（例如，有声响、冒烟、打火、焦臭味或设备发烫等），应立即切断电源，分析原因，查找故障。

4. 测量数据，观察现象

接通电源后，先将设备大致调试一遍，观察各被测量的变化情况和出现的现象是否合理。若不合理，应切断电源，查找原因，进行改正。例如，数据出现时有时无的变化，可能是实验电路的连线松动、虚焊、连接导线出现隐藏断点或仪器仪表工作不稳定等问题造成的。如果预测数据与理论数据相差很大，可能是实验电路连线错误、（局部）碰线或元器件参数选择不当等问题造成的。只有消除隐患，才能确保实验电路正常工作。

仪表读数时，注意力要集中，姿势要正确。对于数字式仪表，要注意量程、单位和小数点位置；对于指针式仪表，要求眼、针、影成一线，及时变换量程使指针指示于误差最小的范围内。注意，变换量程要在切断电源情况下操作。

5. 数据记录与分析

将所有数据记在原始记录表中，数据记录要完整、清晰，力求表格化，一目了然，合理取舍有效数字，并注明被测量的名称和单位。重复测试的数据应记录在原数据旁或新数据表中，要尊重原始记录，实验后不得涂改，养成良好的记录习惯，培养工程意识。提交实验报告时，将原始记录一起附上。

在测量过程中，应及时对数据做初步分析，以便及早发现问题，立即采取必要措施以达到实验的预期效果。例如，对被测量变化快速的区域，应增加测试点以获取更多的变化细节；对变化缓慢的区域，可以减少测试点，以加快测试速度，提高效率。对于关键点的数据，不能丢失，必要时要多次测量，取用它们的平均值以减小误差。

6. 完成实验

完成本次实验全部内容后，应先断电，暂不拆线，待认真检查

实验结果无遗漏和错误后，方可拆除连线。整理好连线、仪器工具等，使之物归原位。

在实验过程中，应特别注意人身安全与设备安全。改接电路和拆线一定要在断电的情况下进行，绝对不允许带电操作。使用仪器仪表要符合操作规程，切勿乱调旋钮、挡位。如果发现异常情况，应立即切断电源，查找故障原因，排除后再继续进行实验。

0.3.2　故障分析与排除

在正常情况下，连接好实验电路即可进行测试或调试。但实验过程中也常常会出现一些意想不到的故障，导致数据测试不正确，甚至实验不能正常进行。遇到故障不一定坏事，在实验过程中通过排除故障的锻炼，将有助于实验技能的不断提高。一旦遇到故障，切忌轻易拆掉连线重新安装，而是要运用所学知识，认真观察故障现象，仔细分析故障原因，查找到故障部位，排除故障，使实验得以继续进行。故障的检查通常采用以下几种方法。

1. 断电检查法

如果实验接错线，造成电源或负载短路或严重过载，特别是发现实验电路或设备的异常现象（例如，有声响、冒烟、打火、有焦臭味及发烫等）将导致故障的进一步恶化时，应立即切断电源进行检查。首先，对照原理图，对实验电路的每个元器件及连线逐一进行外部（直观）检查，观察元器件的外观有无断裂、变形、焦痕、损坏等情况，引脚是否错接、漏接或短接；观察仪器仪表的摆放、量程选择、读数方式是否正确。然后，使用数字万用表的"Ω"（欧姆）挡，检查各支路是否连通，元器件是否良好。对于电容、电感（包括电动机和变压器），可用电桥测量；对于集成电路，需要用专门仪器进行测试，或者用好的芯片替换它来进行判断。

2. 通电检查法

这是一种使用测试仪器检测电路参数来判断故障部位的在线检查方法。一般先直观检查，再进行参数测试。

1）直观检查法。在电路通电情况下，对电路的工作状况进行直接观察，包括听各种声音、看显示数值、查运行状态、摸外表温度、嗅现场气味等，来确认电路是否正常。有时还要配合不同的操作，使呈现的现象更明显。

2）参数测试法。通常利用数字万用表进行电压测量，主要检查电源供电系统从电源进线、电源开关、熔断器到电路输入端有无电压，电子类仪器仪表是否供电，输入和输出信号是否正常，各元器件和仪器的电压是否与给定值相符等。对于动态参数，用示波器观察波形及可能存在的干扰信号，有利于故障分析。

3）替换法。当故障比较隐蔽时，在对电路进行原理分析的基础上，对怀疑有问题的部分可用正常的模块或元器件来替换。如果故障现象消失了，电路能够正常工作，则说明故障出现在被替换下来的部分上，可以缩小故障范围，便于进一步查找故障原因和部位。

4）断路法。在实验电路中断开某部分电路，可以起到缩小故障范围的作用。例如，用直流稳压电源接入一个带有局部短路故障的电路，其输出电流明显过大，若断开该电路中的某条支路后恢复了正常，则说明故障原因就是这条支路，进一步查找即可发现故障部位。

值得一提的是，目前有不少仿真软件都能够设置各种故障源，为工程人员借助软件仿真来重现故障现象，了解故障产生的原因及后果，直观地认识工程现场，提供了安全、无损和便捷的工具。因此，很好地掌握和利用仿真软件，可以达到事半功倍的效果。

0.3.3 综合性实验的电路调试

一个综合性实验，在电路设计、仿真优化、元器件选择、电路连接之后，通常要对电路进行调试。调试的方法是，先对单元电路进行局部调试，以满足个体技术指标要求，然后对各单元构成的总体电路进行调试，最终达到总体指标要求。电路的调试，通常包括静态调试、动态调试和指标测试。

静态调试是指在没有加入信号的条件下进行的调试，使电路各输入和输出的参数都符合设计要求，所以也称为直流调试。

动态调试是指在静态正常条件的基础上加入信号的调试，使电路各输入和输出的交流参数都符合设计要求。对于模拟电路，主要观测数据包括信号波形、幅值、相位、频率等；对于数字电路，可借助电压（平）表、发光二极管、数码管和蜂鸣器来判断逻辑功能。

无论是静态调试还是动态调试，如果不符合要求，均应调整甚至更换相应的元器件，直至达到要求。

指标测试是指借助仪器仪表所进行的测试。如果发现测试结果与设计要求存在较大差异，就需要找出原因，及时调整甚至修改设计方案，以得到满意的实验电路及可靠的数据。

0.4 实验总结

实验的最后阶段是实验总结，即对实验数据进行整理，绘制波形和图表，分析实验现象，撰写实验报告。实验参与者每次都要独立完成一份实验报告。实验报告的编写应持严肃认真、实事求是的科学态度，如果实验结果与理论有较大出入，不得随意修改实验数据和结果，不得用凑数据的方法来向理论靠拢，而应用理论知识来分析实验数据和结果，解释实验现象，找出引起较大误差的原因。

实验报告的一般格式如下。

1）实验名称。

2）实验任务及目的。

3）实验原理及电路：完成调试后得到的实验电路图，包括标注元器件参数、测试点和对照原理（或原先设计）电路的改动情况。

4）实验仪器及元器件：仪器设备和元器件清单，包括仪器设备及元器件的名称、型号规格和数量等。并且，对这些设备在实验过程中的使用状况，也要做出说明，以便统计和维修。

5）仿真结果：包括选用的仿真软件和仿真结果（数据、表格和波形等）。

6）实验数据：测试所得到的原始数据和波形等。注意应标明数据的单位。

7）测量数据的分析与处理：实验总结的主要工作是对实验原始记录的数据进行处理。此时要充分发挥曲线和图表的作用，其中的公式、图表、曲线应有符号、编号、标题、名称等说明，以保证叙述条理的清晰。为了保证整理后数据的可信度，应有理论计算值、仿真数据和实验数据的比较、误差分析等。对实验数据的处理，要合理取舍有效数字。报告中的所有图表、曲线均按工程化要求绘制。对与预习结果相差较大的原始数据要分析原因，必要时应对实验电路和测试方法提出改进方案甚至重新进行实验。

8）存在问题的分析与处理：对于实验过程中发现的问题（包括错误的操作、出现的故障等），要说明现象、查找原因的过程和解决问题的措施，并总结在处理问题过程中获得的经验与教训。

9）回答思考题：按要求有针对性地回答思考题，它是对实验过程的补充和总结，有助于对实验内容的深入理解。

10）实验的收获和体会：在实验能力、综合素质等方面有哪些收益，掌握了哪些基本操作技能，对该实验有哪些改进建议以及体会。

总之，完成一个高质量的实验离不开充分的预习、认真的操作、可靠的数据和全面的实验总结。每个环节都必须认真对待，真实可信，才能达到预期的实验效果。

【思考与练习题】

1. 电工电子技术实验在总体上要达到哪些目的和要求？

2. 一个完整的实验过程包含几部分？

3. 基础性实验与综合性实验相比，在预习上有何不同？

4. 实验操作应分几步进行？每步要注意什么问题？

5. 对于实验中遇到的故障现象，应如何检查和处理？

6. 一份实验报告应包含哪些内容？

第1章 电路基础实验

1.1 元器件伏安特性的测量

一、实验目的

1. 学会识别常用元器件的方法。
2. 学习简单直流电路的连接方法。
3. 掌握线性电阻和非线性元器件伏安特性的逐点测试法，掌握电压源外特性的测试方法。

二、实验任务（建议学时：2学时）

（一）基本实验任务

1. 选择合适的实验方案、元器件参数、仪器仪表，采取正确的实验方法，设计合理的数据表格，测量线性电阻和白炽灯的伏安特性。

2. 选择合适的实验电路、元器件参数、仪器仪表，采取正确的实验方法，设计合理的数据表格，测量非线性元器件的伏安特性。

（二）扩展实验任务

自行设计实验方案，测量电压源的伏安特性。

三、基本实验条件

（一）仪器仪表

直流稳压电源（SS1791）	1个
数字万用表（VC8045-II）	1个

（二）器材元器件

线性电阻（建议：10Ω/2W，100Ω/2W，1kΩ/2W）	若干
电位器（建议：1kΩ）	1个
电流插孔	3个
白炽灯（建议：12V/3W）	1个
半导体二极管（建议：1N4007）	1个
稳压管（建议：稳压值6V）	1个

四、实验原理

（一）基本实验任务

任何一个二端元器件的特性，都可以用该元器件上的端电压 u 与通过该元器件的电流 i 之间的函数关系 $i = f(u)$ 来表示，即用 i-u 平面上的一条曲线来表征，这条曲线称为该元器件的伏安特性曲线。

1. 线性电阻的伏安特性曲线是一条通过坐标原点的直线，如图1.1.1中的线条1所示，该直线的斜率等于该电阻的阻值。

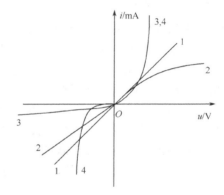

图1.1.1 二端元器件的伏安特性

2. 一般的白炽灯在工作时，灯丝处于高温状态，其灯丝的电阻随着温度的升高而增大。通过灯丝的电流越大，其温度越高，阻值也越大。一般灯丝的"冷电阻"与"热电阻"的阻值可相差几倍至几十倍，其伏安特性曲线如图1.1.1中的线条2所示。

3. 半导体二极管属于非线性元器件，其伏安特性曲线如图1.1.1中的线条3所示。二极管的正向电压很小（一般锗管为0.2～0.3V，硅管为0.6～0.7V），正向电流随着正向电压的升高而增大；反向电压升高时，其反向电流增大很小，可粗略地视为零。所以，二极管具有单向导电性。但其反向电压不能加得过高，否则当超过管子的极限电压值时，会使管子击穿而损坏。

4. 稳压管是一种特殊的半导体二极管。其正向特性与普通二极管类似，但其反向特性较特别，如图 1.1.1 中的线条 4 所示。当反向电压刚开始升高时，其反向电流几乎为零；当反向电压升高到某一数值时（称为管子的稳压值），电流将突然增大，此时它的端电压将维持恒定，不再随外加电压的升高而增大。

5. 电流插孔和电流表插头的使用

在测量电流时，为保证电流表的安全和测试方法的便捷，实验室常采用电流插孔和电流表插头。如图 1.1.2 所示，在电流插孔中，有一对金属片，两个金属片常闭，相当于一根导线。电流表插头的两根接线端，分别接在电流表的两个接线柱上，把电流表插头插入电流插孔后，两个金属片断开，电流表被串联在电路中。实验时，把电流插孔分别串联接入被测支路，电流插头接在电流表的两个接线端上，要测哪条支路电流，电流表插头就插在相应的插孔中，将电流表串联在被测电路中，即可测出相应支路的电流值。

图 1.1.2 电流插孔的结构

需要注意的是，测量直流电流时，通常应根据参考方向，在电流流入插孔的一端标注"*"。测试时，直流电流表的"+"端与插孔的"*"端连接在一起，若电流表指针正向偏转，则电流记为正值；反之，电流记为负值。

（二）扩展实验任务

1. 万用表不仅能方便地进行交、直流电压和电流的测量，也可以用电阻挡直接测量线性电阻的数值，还可以判断二极管的极性和好坏。操作时，需注意以下问题。

1）在测量电阻时，要选择合适的量程。

2）切忌带电测量电路内元器件的电阻，这样不但测量不出电阻阻值，还可能烧坏万用表。应关掉电源，至少使元器件一端与电路断开，再进行测量。

3）测量电阻、电容时，切忌用两手去捏住表笔两端的金属部分，以及电阻或电容两端的引线部分，这样会使人体电阻与被测电阻或电容并联，从而引起测量误差，尤其是高阻值电阻和小容量电容。

4）在测量二极管、稳压管等极性元器件的等效电阻时，必须注意两支表笔的极性。

2. 理想电压源具有端电压保持恒定不变，而输出电流的大小由负载决定的特性。其外特性，即端电压 U 与输出电流 I 的关系 $u=f(i)$ 是一条平行于 I 轴的直线，如图 1.1.3 所示。实验中使用的直流稳压电源，在规定的电流范围内具有很小的内阻，可以将它视为一个理想电压源。

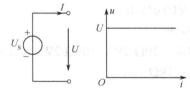

图 1.1.3 理想电压源及伏安特性

实际上，任何电源内部都存在电阻，通常称为内阻。因而，实际电压源（简称电压源）可以用一个内阻 R_0 和电压源 U_S 串联表示，其端电压 U 随输出电流 I 的增大而降低，如图 1.1.4 所示。

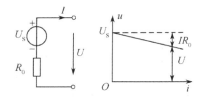

图 1.1.4 实际电压源的伏安特性

在实验中，可以用一个小阻值的电阻与恒压源串联，来模拟一个实际电压源。

五、实验预习要求

1．如何用万用表的电阻挡判断二极管的好坏和极性？如何用万用表的电阻挡判断导线的好坏？

2．电压源外特性为什么呈下降变化趋势？理想电压源的输出电压，在任何负载下是否都保持恒定值？

3．完成实验报告中实验内容的预习部分。

六、实验指导

（一）基本实验内容及步骤

1．测量线性电阻的伏安特性

1）选择合适的电阻（建议：$R_L=1\text{k}\Omega/2\text{W}$），按图 1.1.5 接好电路。

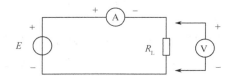

图 1.1.5 线性电阻和白炽灯伏安特性测量电路

2）调节稳压电源的输出电压，从 0V 开始缓慢增大，一直到 10V，记下相应的电压表和电流表的读数，将测量结果填入实验表 1.1.1。

3）画出线性电阻的伏安特性曲线。

2．测量白炽灯（非线性元器件）的伏安特性

将图 1.1.5 中的 R_L 换成一个白炽灯（建议：12V/3W），重复 1 的步骤。将测量结果填入实验表 1.1.1，并画出白炽灯的伏安特性

曲线。

3．测量二极管的伏安特性

1）选择一个二极管 VD，查手册确定该二极管的最大正向电流 I_M 和最高反向工作电压 U_{RM}。按图 1.1.6 接好电路，其中 R（建议：$R=1k\Omega/0.5W$）为限流电阻。

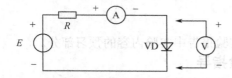

图 1.1.6　半导体二极管和稳压管伏安特性测量电路

2）测量二极管 VD 的正向特性。调节直流稳压电源，观察流过二极管的电流在 0.1～15mA 之间变化，正向电压在 0.6～0.7V 之间应多取几个测量点，将相应的数值填入实验表 1.1.2。注意其正向电流不得超过 I_M。

3）测量二极管 VD 的反向特性。将图 1.1.6 中的二极管 VD 反接，步骤同 2）。注意二极管的反向电压数值不可超过其最高反向工作电压 U_{RM}。

4）根据步骤2）、3）所测数据，画出二极管的伏安特性曲线。

4．测量稳压管的伏安特性

将图 1.1.6 中的二极管换成稳压管，重复 3 的步骤。将测量结果填入实验表 1.1.2，并画出稳压管的伏安特性曲线。

（二）扩展实验内容及步骤

1．测量理想电压源的伏安特性

1）取直流稳压电源作为理想电压源，R_1+R_2 为负载电阻，建议 $R_1=100\Omega/2W$，R_2 为 $1k\Omega$ 的滑动变阻器。按图 1.1.7 接线，在接电源

前先把滑动变阻器调至电阻值最大。

2）将稳压电源调至电压表读数为 10V。

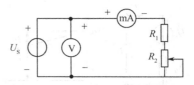

图 1.1.7　理想电压源伏安特性测试电路

3）接通电源后，逐渐减小 R_2，将对应的电压、电流填入实验表 1.1.3。

4）断开负载，测量 $I=0mA$ 时的 U 值，填入实验表 1.1.3。

2．测量实际电压源的伏安特性

1）取直流稳压电源作为理想电压源，R_1+R_2 为负载电阻，R_0 与恒压源串联，为实际电压源的内阻。建议 $R_0=10\Omega/2W$，R_1、R_2 数值同上。按图 1.1.8 接线，在接电源前先把滑动变阻器调至电阻值最大。

2）将稳压电源调至电压表读数为 10V。

3）接通电源后，逐渐减小 R，将对应的电压、电流填入实验表 1.1.4。

4）断开负载，测量 $I=0mA$ 时的 U 值，填入实验表 1.1.4。

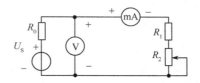

图 1.1.8　实际电压源伏安特性测试电路

七、实验注意事项

1．在实验过程中，直流稳压电源不能短路，以免损坏电路设备。

2．测量二极管的正向特性时，稳压电源输出应由小到大逐步增大，应时刻注意电流表读数不能超过所选二极管的最大电流。测量二极管的反向特性时，所加反向电压不能超过所选二极管的最大反向工作电压。

3．在测量不同的电量时，应首先估算电压和电流值，以选择合适的仪表量程。注意仪表的极性不能接错。

4．换接电路时，必须关闭电源开关。

1.2　基尔霍夫定律与电位的测量

一、实验目的

1．通过实验加深理解基尔霍夫定律。

2．熟练掌握电压、电流的测量方法。

3．学习电位的测量方法，用实验证明电位的相对性和电压的绝对性。

二、实验任务（建议学时：2 学时）

（一）基本实验任务

1．熟练掌握直流电路中电压、电流的测量方法。

2．验证基尔霍夫定律。

3．测量电路中各点的电位。

（二）扩展实验任务

学习判断故障原因和排除简单故障的方法。

三、基本实验条件

（一）仪器仪表

直流稳压电源（SS1791）	1 个
数字万用表（VC8045-II）	1 个
直流毫安表	1 个

（二）器材元器件

定值电阻	若干
电流插孔	3 个

四、实验原理

（一）基本实验任务

1．基尔霍夫定律

基尔霍夫定律是电路的基本定律。它包括基尔霍夫电流定律

（KCL）和基尔霍夫电压定律（KVL）。对电路中任意一个节点，各支路电流的代数和均等于零，即 $\sum I = 0$。这是基尔霍夫电流定律。它阐述了电路任意一个节点上各支路电流间的约束关系，并且这种关系与各支路中器件的性质无关。

对任何一个闭合电路，沿闭合回路的电压降的代数和为零，即 $\sum U = 0$。这是基尔霍夫电压定律。它阐述了任意一个闭合电路中，各电压间的约束关系，这种关系仅与电路结构有关，而与构成电路的器件的性质无关。

运用基尔霍夫定律时，要先确定电流和电压的参考方向，当它们的实际方向与参考方向相同时，结果为正值；相反时，结果为负值。

2．电位的概念

电路中某点的电位就是该点与参考点之间的电压。所以电路中各点的电位值随参考点的不同而变化，但任意两点间的电位差（即电压）不因参考点的改变而变化。

特别注意，在实验中要测量某点的电位时，首先要选择参考点。

3．电压、电流的测量方法

1）电压的测量

测量电压是电路测量的一个重要内容。在集总参数电路中，表征电信号能量的三个基本参数是：电压、电流和功率。但是，从测量的观点来看，测量的主要参数是电压，因为在标准电阻的两端测出电压值，就可通过计算求得电流或功率。

将电压表并联于被测电路两端，直接由电压表的读数决定测量结果的测量方法称为电压表的直接测量法。这种方法简便直观，是电压（电位）测量的基本方法。

2）电流的测量

测量直流电流通常采用磁电系电流表。测量时，电流表是串接

在被测电路中的，为了减小对被测电路工作状态的影响，要求电流表的内阻越小越好，否则将产生较大的测量误差。

需要注意的是，在测量电流时，为安全方便起见，大部分实验室都采用电流插孔和电流表插头。

（二）扩展实验任务

1．记录实验过程中遇到的故障

2．故障判断及排除

遇到故障，第一步要立刻断电，分析查找故障原因，再进行故障排除。故障完全排除后，才能继续进行实验。

1）断电检查法。关断电源进行检查。第一，对照原理图，对实验电路中的每个元器件及连线逐一进行外部（直观）检查，观察元器件的外观有无断裂、变形、焦痕、损坏等问题，引脚有无错接、漏接或短接；观察仪器仪表的摆放、量程选择、读数方式是否正确。第二，使用万用表的欧姆挡，检查各支路是否连通，器件是否良好。

2）检查测量仪器的用法是否正确。电压表是否有效并联接入待测电路两端，电流表是否有效串联接入待测支路，量程是否合适。

3）通电检查法。使用测试仪器。最常用的方法是利用万用表进行电压测量，从电源开始逐点检查各点电位是否正常，根据测量结果判断故障部位。一般先进行直观检查，再进行参数测量。

五、实验预习要求

1．如何验证基尔霍夫定律？

2．电压与电位有何关系？

3．完成实验报告中实验内容的预习部分。

六、实验指导

（一）基本实验内容及步骤

按图 1.2.1 接好电路。取 U_{S1}=16V，U_{S2}=8V，R_1=470Ω/2W，R_2=200Ω/2W，R_3=300Ω/2W，R_4=100Ω/2W，R_5=100Ω/2W。将电源 U_{S1}、U_{S2} 接入电路之前，应使用直流电压表校对输出值，无误后再将电源接入电路。

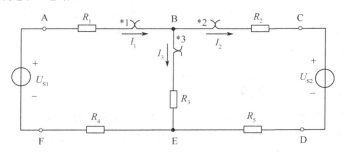

图 1.2.1 基尔霍夫电流定律实验电路

1．验证基尔霍夫电流定律（KCL）

图 1.2.1 中，*1、*2、*3 分别为三条支路电流测量插孔。测量某支路电流时，将电流表所接插头插入该支路的插孔，即将电流表串入该支路；拔出插头时，插孔中的弹片使连接于插孔的两根导线短接。实验前，先任意设定三条支路电流的参考方向。用直流毫安

表测量各支路电流，若测量时指针正向偏转，则为正值；若反向偏转，则调换表笔正、负极，重新读数，其值取负。若用万用表电流挡测量各支路电流，则可直接读数。注意，表笔的方向即为参考方向。记录数据于实验表 1.2.1 中，并与理论值进行比较。

2．验证基尔霍夫电压定律（KVL）

取图 1.2.1 电路中两条回路：ABEFA、BCDEB，用直流电压表依次测量两条回路中电源和电阻两端的电压值。测量前先选定回路的绕行方向，同时应注意电压表指针的偏转方向及取值的正、负。记录数据于实验表 1.2.1 中，并与理论值进行比较。

3．电位、电压的测量

在图 1.2.1 电路中，分别以 E 点、B 点作为参考点，测量电路中 A、B、C、D、E、F 各点电位值。测量电位时，应将电压表的负表笔接在参考点处，正表笔分别接在各被测点处。注意正、负值，记录数据于实验表 1.2.2 中，并与理论值进行比较。

（二）扩展实验内容及步骤

记录实验中遇到的故障及其排除过程。

七、实验注意事项

1．测量各支路电流时，应注意选定的参考方向及电流表的极性（电流插孔的极性），正确记录测量结果的正、负值。

2．在测量不同电量时，应根据预习中计算的电压值和电流值，选择合适的仪表量程。

3．电路改接时，一定要关闭电源。

1.3 叠加原理与等效电源定理的研究

一、实验目的

1. 掌握有源二端网络等效参数的测量方法。

2. 验证叠加原理和等效电源定理，掌握用叠加原理和戴维南定理分析电路的方法。

3. 理解电路的有载、开路和短路状态，验证最大功率传输定理。

二、实验任务（建议学时：2 学时）

（一）基本实验任务

1. 验证叠加原理。

2. 验证戴维南定理。

（二）扩展实验任务

1. 选择合适的实验电路、器件参数、仪器仪表，采取正确的实验方法、设计合理的数据表格验证最大功率传输定理，并测量电路的最大输出功率。

2. 自拟电路，验证诺顿定理。

三、基本实验条件

（一）仪器仪表

直流稳压电源（SS1791）	1 个
数字万用表（VC8045-II）	1 个
直流毫安表	1 个

（二）器材元器件

定值电阻	若干
电流插孔	3 个
双刀双掷开关	2 个
电阻箱	1 个

四、实验原理

（一）基本实验任务

1. 验证叠加原理

叠加原理指出，在线性电路中，有多个电源同时作用时，任意一条支路中的电流或电压都是电路中每个独立电源单独作用时在该支路中所产生的电流或电压的代数和。

电路如图 1.3.1 所示，电压源 U_{S1} 和 U_{S2} 共同作用于该电路。根据叠加原理，两个电源同时作用时，电路中的电压 U_1、U_2、U_3 和电流 I_1、I_2、I_3，等同于 U_{S1} 单独作用于该电路时（U_{S2} 短路置零）的 U_1'、U_2'、U_3' 和 I_1'、I_2'、I_3'，与 U_{S2} 单独作用于该电路时（U_{S1} 短路置零）的 U_1''、U_2''、U_3'' 和 I_1''、I_2''、I_3''，分别代数相加的结果，即：

$$U_1=U_1'+U_1'', \quad U_2=U_2'+U_2'', \quad U_3=U_3'+U_3''$$
$$I_1=I_1'+I_1'', \quad I_2=I_2'+I_2'', \quad I_3=I_3'+I_3''$$

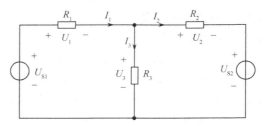

图 1.3.1　叠加原理实验电路

2. 验证戴维南定理

戴维南定理指出，任何一个线性有源二端网络，总可以用一个理想电压源和一个等效电阻串联来代替，如图 1.3.2 所示。

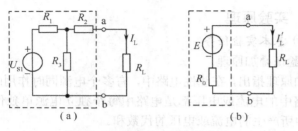

图 1.3.2　戴维南定理实验电路

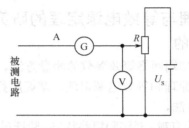

图 1.3.3　补偿法测开路电压

在图 1.3.2（b）戴维南等效电路中，其理想电压源的电压 E，等于图 1.3.2（a）电路中，将负载电阻 R_L 开路时，虚线框内有源二端网络的开路电压 U_{OC}。等效内阻 R_0 等于该网络中所有独立源为零时的等效电阻。由戴维南定理可知，图 1.3.2（a）电路中有源二端网络作用在负载电阻上的结果，与图 1.3.2（b）电路中等效电压源作用在负载电阻上的结果相同，即 $I_L = I'_L$。

在验证戴维南定理的实验中，首先要测量有源二端网络的开路电压、等效电阻或短路电流，其测量方法介绍如下。

1）开路电压的测量方法

①直接测量法：在一般情况下，把外电路（即负载电阻 R_L）断开，将电压表接至开路点 a、b 两端，测量其两端电压值，即为开路电压 U_{OC}。若电压表内阻远大于被测网络的等效电阻，则其测量结果会相当精确。通常采用这种方法测量。

若电压表内阻较小，则误差很大，必须采用补偿法。

②补偿法：电路如图 1.3.3 所示，外加 U_S 和 R 构成补偿电路。调节 R 的值，使检测计 G 指示为零，此时电压表指示的电压值即为开路电压 U_{OC}。

2）等效电阻 R_0（内阻）的测量方法

①用欧姆表：先将有源二端网络中所有独立电源置零，即将理想电压源短路、理想电流源开路，然后用欧姆表直接测量该无源二端网络的电阻值。此方法对于电源与其内阻不能分开（如干电池）的电路和含受控源的电路不适用。

②用开路短路法：测量有源二端网络的开路电压 U_{OC} 及短路电流 I_S，电路如图 1.3.4 所示。按式 $R_0 = U_{OC}/I_S$ 计算出等效电阻。此方法适用于电路网络端口可以被短路的情况（建议本实验用此方法测量 R_0）。

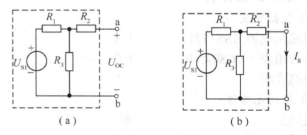

图 1.3.4　开路短路法测量等效内阻的实验电路

③用外加电压法：在无源二端网络的两个端点间施加外加电压 U_0，测量其端电流 I，按公式 $R_0 = U_0/I$ 计算。用这种方法时，应先

将有源二端网络的电源除去。若不能除去电源，或者电路网络端口不允许外加电源，则不能用此法。

④用伏安法：若电路网络端口不允许短路，则可以在开路端口接上一个已知的电阻 R，然后测量开路电压 U_{OC} 及有载电压 U_L，按 $R_0 = \left(\dfrac{U_{OC}}{U_L} - 1 \right) R$ 计算，若 R 采用一个精密电阻，则此方法精度也较高。此方法适用范围比较大，例如，可用于测量放大器的输出电阻。

在测得有源二端网络的开路电压和等效电阻后，不要忘记测量图 1.3.2（a）电路中的负载电流 I_L，以用于验证戴维南定理的正确性。

将稳压电源的输出电压调至由图 1.3.4 电路测得的有源二端网络的开路电压 U_{OC}，将电阻箱调至测得的等效内阻 R_0，同负载电阻一起接成如图 1.3.2（b）所示的戴维南等效电路，测量该电路的负载电流 I_L'，与图 1.3.2（a）电路中测得的负载电流 I_L 相比较，以验证戴维南定理的正确性。

（二）扩展实验任务

1．最大功率传输条件

在电子电路中，常常希望负载获得的功率最大。如何选择负载电阻，使其获得最大功率，成为研究最大功率传输的主要问题。由于任何有源二端线性网络，都可以等效为一个理想电压源与内阻串联的戴维南等效电路，如图 1.3.5 所示，因此，负载上获得的功率可表示为：

$$R_L = \left(\frac{E}{R_0 + R_L} \right)^2 \cdot R_L$$

根据 $\dfrac{\mathrm{d}P_L}{\mathrm{d}R_L} = 0$，可得最大功率的传输条件为：

$$R_L = R_0$$

当满足最大功率传输条件时，负载获得的最大功率为：

$$P_{Lmax} = \frac{E^2}{4R_L}$$

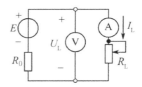

图 1.3.5　最大功率传输条件的验证电路

2．最大功率验证电路

采用图 1.3.5 电路，选取合适的电源电压，选择电源内阻为定值电阻，利用电阻箱作为负载电阻，测量负载电阻的电压、电流，其乘积即为输出功率。改变负载电阻的数值，找到负载的最大功率点，验证最大功率传输条件。

五、实验预习要求

1. 电路如图 1.3.1 所示，能否用叠加原理来计算功率，为什么？若将 R_3 换成二极管，电路是否满足叠加原理，为什么？

2. 简述验证戴维南定理的实验步骤。

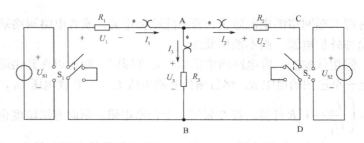

图 1.3.6　验证叠加原理实验电路

3）接通电源 U_{S1}，U_{S2} 置零（S_2 投向短路侧）。测量 U_{S1} 单独作用时各支路的电流和电压，测量结果填入实验表 1.3.1。

4）接通电源 U_{S2}，U_{S1} 置零（S_1 投向短路侧）。测量 U_{S2} 单独作用时各支路的电流和电压，测量结果填入实验表 1.3.1。

5）接通电源 U_{S1} 和 U_{S2}，测量 U_{S1} 和 U_{S2} 共同作用时各支路的电流和电压，测量结果填入实验表 1.3.1。

6）将测量值与理论值进行比较，计算误差，并分析原因。

2．验证戴维南定理

1）如图 1.3.7 所示，取 $U_{S1}=16V$，$R_1=470\Omega/2W$，$R_2=200\Omega/2W$，$R_3=300\Omega/2W$，$R_L=100\Omega/2W$。

3. 完成实验报告中实验内容的预习部分。

六、实验指导

（一）基本实验内容及步骤

1．验证叠加原理

1）电路如图 1.3.6 所示，取 $U_{S1}=16V$，$U_{S2}=8V$，$R_1=470\Omega/2W$，$R_2=200\Omega/2W$，$R_3=300\Omega/2W$。为了便于测量，可在各支路中串联一个电流测试插孔。在两个电源的输入端，各接入一个双刀双掷开关 S_1 和 S_2，它们的一侧与电源相连，另一侧接入一根短路线。当某电源作用于电路时，将对应的开关投向电源侧；当某电源不作用时，将对应的开关投向短路侧，则该电源被置零处理（注意，不能将电源直接短路）。

2）按图 1.3.6 接好电路，开关 S_1、S_2 投向短路侧。将直流稳压电源的两路输出分别调至所需值。

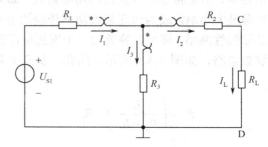

图 1.3.7　戴维南定理实验电路

2）将 R_L 断开，测量开路电压 U_{OC}，填入实验表 1.3.2。

3）将 C、D 两点短接，测量短路电流 I_S，计算出等效电阻 $R_0 = U_{OC}/I_S$，填入实验表 1.3.2。

4）在 C、D 之间接入负载电阻 R_L，测量负载电阻上的电压 U_L 和电流 I_L，填入实验表 1.3.3。

5）用直流稳压电源（调至电压等于 U_{OC}）和电阻箱（调至电阻等于 R_0）组成戴维南等效电路，如图 1.3.8 所示。接上负载电阻 R_L，测量出 U_L'、I_L'，填入实验表 1.3.3。验证 $U_L = U_L'$，$I_L = I_L'$。

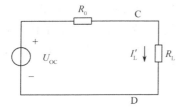

图 1.3.8　戴维南等效电路

（二）扩展实验内容及步骤

1．验证最大功率传输定理

1）电路如图 1.3.5 所示，取 $E=10V$，$R_0=200\Omega/2W$，R_L 为可变电阻箱。

2）按图 1.3.5 接好电路，改变负载电阻 R_L 的数值，测量其两端电压和负载电流，并根据所测数据计算负载所获得的功率。记录测量数据。

3）与理论值进行比较，计算误差，并分析原因。

2．验证诺顿定理

自拟电路、测试方案和数据表格，验证诺顿定理。

七、实验注意事项

1．测量各支路电流时，应注意选定的参考方向及电流表的极性（电流插孔的极性），正确记录测量结果的"+"和"–"。

2．在测量不同电量时，应根据预习中计算的电压和电流值，选择合适的仪表量程。

3．电路改接时，一定要关闭电源。

1.4 典型电信号的观察与测量

一、实验目的

1. 熟悉函数信号发生器、示波器和交流毫伏表等电子设备的工作原理与主要功能。

2. 掌握函数信号发生器和示波器的使用方法。

3. 学会正确使用仪器产生信号、观察信号、测量信号，并记录信号。

二、实验任务（建议学时：2 学时）

（一）基本实验任务

1. 学习示波器的使用方法，练习用示波器观测函数信号发生器产生的正弦波和矩形波信号。

2. 学习函数信号发生器的使用方法，练习用函数信号发生器产生各种频率和幅度可调的正弦波与矩形波信号。

3. 学习交流毫伏表的使用方法，练习用交流毫伏表测量正弦交流信号的大小（电压的有效值）。

（二）扩展实验任务

练习用函数信号发生器产生三角波和锯齿波信号，并用示波器进行观测。

三、基本实验条件

示波器（GOS-620）	1 个
函数信号发生器（EE1420）	1 个
交流毫伏表（WY2174A）	1 个

四、实验原理

1. 典型电信号

电路中，应用广泛的激励信号主要有：正弦交流信号、矩形波脉冲信号和方波信号三种。

正弦波信号的波形如图 1.4.1 所示，其主要参数是幅值 U_m、周期 T（或频率 f）和初相位 ψ。矩形波脉冲信号一般为交流信号，波形如图 1.4.2 所示，其主要参数是幅值 U_m、脉冲重复周期 T 和脉冲宽度 T_W。方波信号一般为直流信号，波形如图 1.4.3 所示，其主要参数是幅值 U_m、脉冲重复周期 T 和脉冲宽度 T_W。在实际应用中，除用信号幅值表示其大小外，还可用峰峰值 V_{PP} 表示一个典型电信号的大小。如图 1.4.1 和图 1.4.2 所示，V_{PP} 表示一个周期内信号最大值和最小值之间的范围。

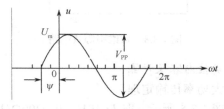

图 1.4.1 正弦波信号

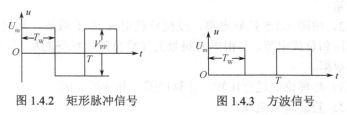

图 1.4.2 矩形脉冲信号　　图 1.4.3 方波信号

实验时所用的典型电信号都可以由函数信号发生器提供。典型电信号的波形和参数则可使用示波器进行观察和测量。普通万用表只能测量市电（50Hz）交流信号的有效值，当正弦交流信号的频率很高时，应使用交流毫伏表测量其有效值。交流毫伏表可测量频带为几 Hz 至几 GHz，电压值范围为 μV 级至 kV 级的交流电压信号。

2. 函数信号发生器

函数信号发生器实际上是一种多波形信号源，能产生正弦波、矩形波、三角波、锯齿波及各种脉冲信号波形，其输出电压的大小和频率都能方便地进行调节。由于其输出波形均可以用数学函数描述，因此称为函数信号发生器。

1）函数信号发生器控制面板基本结构

不同品牌和型号的函数信号发生器，虽然面板结构有所不同，但其主要功能是相同的，说明如下。

①电源开关。

②输出接线端子：函数信号发生器产生的波形由此端子输出，最好通过屏蔽线接入需用信号的电路。

③输出信号幅度的调节：可设置输出信号的幅度大小。通常用于设置信号的峰峰值，对于正弦波信号还可设置其有效值。

④输出信号频率的调节：可设置输出信号的频率，通常输出可达兆赫兹以上。

⑤输出波形的选择：选择需要的输出波形，主要波形有正弦波、矩形波、三角波、脉冲波、锯齿波等。

⑥信号频率的显示：选择"内测"，显示输出信号频率；选择"外测"，显示输入信号频率。

⑦信号峰峰值的显示：选择"内测"，显示输出信号峰峰值；选择"外测"，显示输入信号峰峰值。

⑧占空比的调节：也称"波形对称"旋钮，调节该旋钮，可以改变矩形波的占空比，也可以使三角波变为锯齿波。

⑨直流偏移的调节：通过增加直流偏移，可以在产生的信号波形上叠加一个直流分量，使信号波形上、下移动。例如，在如图 1.4.2 所示的矩形波上叠加一个大小为 $+U_m$ 的直流偏移量，可把该矩形波信号变为如图 1.4.3 所示的方波信号。

2）函数信号发生器的操作步骤

使用函数信号发生器产生基础波形的基本操作如下。

①打开电源开关。

②根据需要选择输出波形。

③调节信号频率：选定频率调节后，需要根据显示界面，按下相应的数字键和单位，或使用微调旋钮配合方向键调整频率参数。

④调节信号幅度：选定幅度调节后，需要根据显示界面，按下相应的数字键和单位，或使用微调旋钮配合方向键调整幅度参数。

若需要的信号是对称波形，通过以上几步就可得到所需信号，使用函数信号发生器的输出端子可将此信号输出，连接到示波器上即可观测波形。

⑤添加直流偏移：若输出信号具有直流分量，如图 1.4.3 所示的方波，则需要调节直流偏移。进入直流偏移状态后，可设置数值调节或利用旋钮调节。

⑥调节占空比：首先选定脉冲波形，进入脉宽调节，可直接设置占空比数值，也可用旋钮调整。

⑦TTL 输出：由 TTL 输出端可以有方波或脉冲波输出，产生方法同上。输出信号的频率可以改变，而信号的高电平、低电平固定。

3. 交流毫伏表

当被测正弦交流电压信号频率范围很宽，且数值变化很大时，可以用交流毫伏表测量其电压的有效值。交流毫伏表是一种交流电压测量仪器。交流毫伏表与普通万用表相比有以下优点：输入阻抗高，一般输入电阻至少为 500kΩ，当接入被测电路后，对电路的影响小；频率范围宽，约为几 Hz 至几 GHz；电压测量范围广，量程从 1mV 至几百 V；灵敏度高，可测量 μV 级电压信号。

1）交流毫伏表控制面板结构

交流毫伏表通常由衰减器、检波电路、放大电路和指示电路 4 部分组成。其面板主要控制键如下。

①电源开关。

②输入接线端子：待测信号由此端输入，最好通过屏蔽线接入待测信号。

③量程选择旋钮：用于选择仪表的满刻度值。

④机械调零螺丝：用于机械调零。

⑤电源指示灯。

2）交流毫伏表的操作步骤

①接通电源。若输入线的两个接线端子没有短接，则由于感应电压的存在，交流毫伏表的指针会漂动，甚至满偏。此时，只需将两根输入线短接，该现象便会消失。

②进行电气调零。将输入线的两个接线端子短接，并使量程开关处于合适挡位上，再调节电气调零旋钮，使表头指针指示为零，然后断开两个接线端子进行测量。在使用中，每次改变量程，都应重新进行电气调零。具有自校零功能的交流毫伏表，可不用进行此项操作。

③根据被测信号的大小选择合适的量程。在无法预知被测量大小时，应先用最大量程，逐渐减小量程至合适挡位。

④交流毫伏表是不平衡式仪表，信号输入端一般采用 BNC 端子接探头，探头黑夹子必须接至被测电路的共地端，红夹子接至被

测试点。注意探头连接顺序，测量时先接黑夹子，后接红夹子；测量完毕，先拆红夹子，后拆黑夹子。

4．示波器

示波器是一种电信号观测仪器，主要分为模拟示波器和数字存数示波器两大类。其主要特点是：不仅能显示电信号的波形，而且还可以测量电信号的幅度、周期、频率和相位等；测量灵敏度高、过载能力强、输入阻抗高。

1）示波器控制面板结构

示波器品牌型号繁多，但示波器面板上至少包含以下 4 个功能区。

（1）显示屏

①电源开关。

②辉度（INTEN）旋钮：调节光迹的亮度。

③聚焦（FOCUS）旋钮：调节光迹聚焦，即光迹的清晰度。

④校准信号：提供一路方波信号源，用于示波器自检，如 2V(峰峰值)/1kHz 方波。

（2）垂直（VERTICAL）调节区

①输入通道端子：待测信号通过探头自此输入。

②垂直衰减（VOLTS/DIV）旋钮：调节该旋钮，使显示屏上待测信号的幅度大小合适，便于观察其最大值和最小值。

③垂直工作方式（VERT MODE）开关：至少可选择 4 种工作方式，置 CH1 或 CH2 时单踪显示，置 DUAL 时双踪显示，置 ADD 时 CH1+CH2 显示。

④输入耦合方式（COUPLING）开关：置 AC 时，为交流耦合；置 DC 时，为直流耦合；置 GND 时，隔离信号输入，并产生一个零电压参考信号。

⑤垂直位置（POSITION）微调旋钮：上下调节波形在显示屏上的位置。

（3）水平（HORIZONTAL）调节区

①水平衰减（TIME/DIV）旋钮：调节该旋钮，使显示屏上待测信号的波形密度合适，便于观测其周期和频率。

②水平移位（POSITION）旋钮：左右调节波形在显示屏上的位置。

③扫描时间（SWP.VAR）微调旋钮：设置扫描时间。

④水平放大（×10 MAG）按键：按下此键可将扫描水平放大10倍。

（4）触发（TRIGGER）调节区

①触发源（SOURCE）开关：置 CH1 时，选 CH1 作为内触发信号；置 CH2 时，选 CH2 作为内触发信号；置 LINE 时，选市电作为触发信号；置 EXT 时，选外触发信号（EXT TRIG）信号作为触发信号。

②触发方式（TRIGGER MODE）开关：选择触发方式。置 AUTO时，自动扫描，若无触发信号，则扫描电路处于自激状态，形成连续扫描；置 NORM 时，触发扫描，若无触发信号，则扫描电路处于等待状态，无扫描线；置 SINGLE 时，单次扫描。

③触发边沿（SLOPE）按键：选择正、负边沿触发。

④触发电平（LEVEL）旋钮：调节此旋钮，可设定该波形的起始点电平，从而同步波形，使待测信号稳定。

⑤触发源交替（TRIG.ALT）按键：可设置输入信号以交替方式轮流作为内部触发信号源。

⑥外部触发信号输入（EXT TRIG.IN）端子：从此端子输入外部触发信号。

2）示波器的操作步骤

①打开电源开关。

②用本机校准信号检查。将 CH1 输入通道端子用探头接至校准信号输出端子，调节面板上开关和旋钮，此时在屏幕上应出现一个周期性的方波。若波形不稳定，可调节 LEVEL 旋钮。

③观察被测信号：当探头采用 1∶1 衰减时，若被测信号在屏幕上显示的电压值和频率值与自检信号标称值一致，则说明示波器处于正常工作状态。

五、实验预习要求

1. 简述函数信号发生器、交流毫伏表、示波器的主要功能。

2. 分析如何将图 1.4.4 中的正弦波形转换成幅度为 0～6V 的波形信号，请画出转换后的波形。

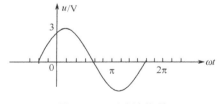

图 1.4.4　正弦波信号

3．用示波器观察正弦波信号时，若显示屏上出现如图 1.4.5 所示的各种状态，试说明是什么原因，应如何调节？

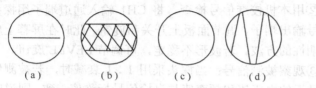

（a）　　　　（b）　　　　（c）　　　　（d）

图 1.4.5　示波器显示屏状态

4．完成实验报告中实验内容的预习部分。

六、实验指导

（一）基本实验内容及步骤

1．示波器的自检

①打开电源开关，电源指示灯亮。

②检查 CH1 输入通道端子的探头是否接好。

③将示波器 COUPLING 开关置为 GND（接地），VERT MODE 开关置为 ALT（交替），TRIGGER MODE 开关置为 AUTO（自动），TIME/DIV 开关调至 0.5ms，此时在屏幕上应出现两条水平扫描基线。如果没有显示水平扫描线，则有可能是因为辉度太暗，或垂直、水平位移不当，应加以适当调节。然后，调节 INTEN 与 FOCUS，使水平扫描线细且清晰。

④利用示波器的校准信号自检。首先，将示波器 COUPLING 开关置为 DC，其他开关和旋钮的位置参照表 1.4.1。

表 1.4.1　其他开关和旋钮的位置

名　称	位　置	名　称	位　置
输入通道	CH1	TIME/DIV	0.5ms
VOLTS/DIV	1V	SWP.VAR	顺时针到底
POSITION	顺时针到底	SOURCE	CH1
VERT MODE	CH1	TRIGGER MODE	AUTO
COUPLING	DC	SLOPE	+

将示波器面板部分的校准信号通过探头接至示波器的 CH1 输入通道端子，使屏幕中心部分显示出线条细且清晰、亮度适中的矩形波。调节垂直位置调整旋钮（POSITION）和水平移位旋钮

（POSITION），从屏幕上读出该校准信号的幅值和频率，并与标称值进行比较。将测量数据填入实验表 1.4.1。

2．正弦波信号的观测

①将函数信号发生器的输出接线端子，与示波器的 CH1 输入通道端子和交流毫伏表的输入接线端子相连，即信号线相连、地线相连（或信号线红红相连，黑黑相连），保证所有仪器共地。

②打开各仪器的电源开关。

③设置函数信号发生器的输出波形为正弦波。

④调节函数信号发生器的频率和幅度旋钮，使输出的正弦波信号参数满足实验表 1.4.2 的要求。

⑤调节示波器的 VOLTS/DIV 旋钮和 TIME/DIV 旋钮至合适位置（即能从屏幕上清晰地观测到至少一个完整周期的波形），读出幅度及周期，分别填入实验表 1.4.2。若显示波形不稳定，则调节 LEVEL 旋钮，直至波形稳定显示。

⑥选择交流毫伏表合适的量程，从交流毫伏表中读出正弦波信号的有效值，填入实验表 1.4.2。

3．矩形脉冲信号的观测

1）将函数信号发生器的输出接线端子与示波器 CH1 输入通道端子相连，断开交流毫伏表。

2）设置函数信号发生器的输出波形为矩形波。

3）调节函数信号发生器的频率和幅度旋钮，使输出的矩形波信号参数满足实验表 1.4.3 的要求。

4）调节示波器 VOLTS/DIV 旋钮和 TIME/DIV 旋钮至合适位置，读出幅度、周期和占空比，分别填入实验表 1.4.3。若显示波形不稳定，则调节 LEVEL 旋钮，直至波形稳定显示。

（二）扩展实验内容及步骤

1．方波信号的观测

调整函数信号发生器产生如图 1.4.6 所示的方波信号，并在示波器上显示出来，将数据填入实验表 1.4.4。提示：在矩形波信号的基础上，加直流偏移，即可产生方波信号。

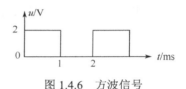

图 1.4.6　方波信号

2．三角波和锯齿波信号的观测

调整函数信号发生器产生如图 1.4.7 和图 1.4.8 所示的信号波形，并在示波器上显示出来，将波形参数标注在波形图上，写出调整函数信号发生器产生该波形的具体步骤。

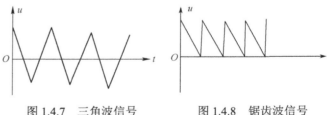

图 1.4.7　三角波信号　　　　图 1.4.8　锯齿波信号

七、实验注意事项

1. 调节示波器时，要注意除 TIME/DIV 和 VOLTS/DIV 外的其他开关和旋钮的位置。

2. 用示波器进行测量时，注意应使 TIME/DIV 和 VOLTS/DIV 旋钮处于关闭状态。

3. 多种仪器同时使用时，要注意"共地"，即各仪器探头的接地端，要连接在一起。

1.5 RC 一阶电路暂态过程的分析与研究

一、实验目的

1. 研究 RC 一阶电路方波响应的基本规律和特点。

2. 研究 RC 微分电路和 RC 积分电路在脉冲信号激励下的响应。

3. 学习用示波器测量信号的基本参数和一阶电路的时间常数。

二、实验任务（建议学时：2 学时）

（一）基本实验任务

1. 测试 RC 一阶电路方波响应的基本规律和参数。

2. 测试 RC 微分电路和 RC 积分电路的波形和参数。

（二）扩展实验任务

1. 研究利用 RC 串联电路的参数与其暂态过程的关系，进行波形转换的方法。

2. 设计能将方波信号转换为尖脉冲和三角波信号的电路。观察当输入为方波信号时，不同的时间常数对响应波形的影响。

三、基本实验条件

（一）仪器仪表

示波器（GOS-620）　　　　　1 个

函数信号发生器（EE1420）　　1 个

（二）器材元器件

定值电阻　　　　　　　　　　若干

电容　　　　　　　　　　　　若干

四、实验原理

（一）基本实验任务

1. RC 一阶电路的响应

1）零输入响应

动态电路在没有外加激励时，由电路中动态元器件的初始储能引起的响应称为零输入响应。图 1.5.1 电路中，设电容上的初始电压为 U_0，根据 KVL 可得：

$$u_C(t) + RC\frac{du_C(t)}{dt} = 0, \quad t \geq 0$$

且

$$u_C(0_+) = u_C(0_-) = U_0$$

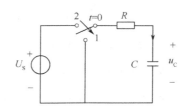

图 1.5.1　RC 一阶电路的零输入响应

由此得出电容上的电压和电流随时间变化的规律如下：

$$u_C(t) = U_0 e^{-\frac{t}{\tau}}, \quad t \geq 0, \quad \tau = RC$$

$$i_C(t) = -\frac{U_0}{R} e^{-\frac{t}{\tau}}, \quad t \geq 0, \quad \tau = RC$$

可以看出，电容上的电压是按照指数规律衰减的，如图 1.5.2 所示。其衰减速度的快慢取决于时间常数 $\tau=RC$。当 $t=\tau$ 时，$u_C(\tau)=0.368U_0$。实际应用中，一般认为当 $t=5\tau$，即 $u_C(5\tau)=0.0067U_0$ 时，电容上的电压已衰减到零。

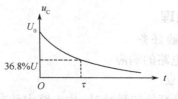

图 1.5.2 零输入响应曲线

2）零状态响应

电路在零初始状态下（即动态元器件初始储能为零），由外加激励引起的响应称为零状态响应。图 1.5.3 电路中，设电容上的初始电压为零，根据 KVL 可得：

$$u_C(t) + RC\frac{\mathrm{d}u_C(t)}{\mathrm{d}t} = U, \quad t \geq 0$$

且

$$u_C(0_+) = u_C(0_-) = 0$$

由此得出电容上的电压和电流随时间变化的规律如下：

$$u_C(t) = U(1 - \mathrm{e}^{-\frac{t}{\tau}}), \quad t \geq 0, \quad \tau = RC$$

$$i_C(t) = \frac{U}{R}\mathrm{e}^{-\frac{t}{\tau}}, \quad t \geq 0, \quad \tau = RC$$

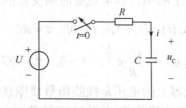

图 1.5.3 RC 一阶电路的零状态响应

可以看出，电容上的电压是按照指数规律增大的，如图 1.5.4 所示，其增大速度的快慢取决于电路参数 τ。当 $t=\tau$ 时，$u_C(\tau) = 0.632U$。

在实际应用中一般认为，当 $t=5\tau$，即 $u_C(5\tau) = 0.9933U$ 时，电容上的电压已达到恒定值 U，此时可视为电容开路，电流为零。

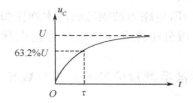

图 1.5.4 零状态响应的曲线

3）全响应

当 RC 一阶电路有外加激励，且动态元器件初始储能不为零时，电路的响应称为全响应。图 1.5.3 电路中，设电容上的初始电压为 U_0，根据 KVL 可得：

$$u_C(t) + RC\frac{\mathrm{d}u_C(t)}{\mathrm{d}t} = U, \quad t \geq 0$$

且 $u_C(0_-) = U_0$。

由此得出电容上的电压随时间变化的规律如下：

$$u_C(t) = U(1 - \mathrm{e}^{-\frac{t}{\tau}}) + u_C(0_-)\mathrm{e}^{-\frac{t}{\tau}}$$

$$= [u_C(0_-) - U]\mathrm{e}^{-\frac{t}{\tau}} + U, \quad t \geq 0$$

上式表明：

①全响应是零状态分量与零输入分量之和，它体现了线性电路的可加性。

②全响应也可以看成自由分量和强制分量之和。自由分量的初始值与初始状态和输入有关，而随时间变化的规律仅取决于电路的 R、C 参数；强制分量则与激励有关。当 $t\to 0$ 时，自由分量趋于零，

过渡过程结束，电路进入稳态。

对于上述零状态响应、零输入响应和全响应的一次过程，$u_C(t)$ 的波形可以用长余辉示波器直接显示出来。示波器工作于慢扫描状态，信号为 DC（直流耦合）输入。

4）方波响应

若方波的半个周期远大于电路的时间常数 $\left(\dfrac{T}{2} \geqslant 5\tau\right)$，则可以认为，当方波某个边沿到来时，前一个边沿所引起的过渡过程已经结束。这时，单个周期方波信号作用的响应为：

$$u_C(t) = \begin{cases} U(1 - \mathrm{e}^{-\frac{t}{\tau}}) & 0 \leqslant t \leqslant \dfrac{T}{2} \\[3mm] U\mathrm{e}^{\frac{1-\frac{T}{2}}{\tau}} & \dfrac{T}{2} \leqslant t \leqslant T \end{cases}$$

可以看出，电路对方波上升沿的响应就是零状态响应；电路对方波下降沿的响应就是零输入响应。方波响应是零状态响应和零输入响应的多次过程。因此，可以用示波器来观察和分析方波响应（即零状态响应和零输入响应），并从中测出时间常数 τ，如图 1.5.5 所示。

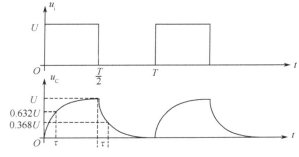

图 1.5.5　RC 一阶电路方波响应

需要注意的是，利用方波响应来观察和分析零状态响应和零输入响应时，选择时间常数必须满足 $5\tau < \dfrac{T}{2}$，才能保证方波后一个边沿到来时，前一个边沿所引起的过渡过程已经结束。若选择 $5\tau = \dfrac{T}{2}$，则在 u_i 的半个周期，电容的充、放电正好结束，即当 $t = \dfrac{T}{2}$ 时，零状态响应刚好结束，$u_C = U$；当 $t = T$ 时，零输入响应刚好结束，$u_C = 0$；若将示波器两个通道的波形重合，可得到如图 1.5.6 所示的波形。其中，虚线波形为方波响应的波形。

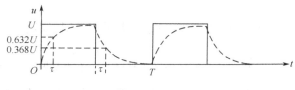

图 1.5.6　当 $5\tau = \dfrac{T}{2}$ 时的 RC 一阶电路方波响应

2. RC 微分电路和 RC 积分电路

RC 微分电路和 RC 积分电路是 RC 一阶电路较为典型的应用电路。其对电路元器件参数和输入信号的周期，有着特定的要求。

RC 微分电路和波形如图 1.5.7 所示。当时间常数 $\tau = RC \ll \dfrac{T}{2}$ 时，$u_o(t) \approx RC \cdot \dfrac{\mathrm{d}u_i(t)}{\mathrm{d}t}$。可见，输出电压与输入电压的微分成正比，称为 RC 微分电路。如果输入波形为方波，则输出波形为尖脉冲：对应于输入信号的正跳变，输出正的尖脉冲；而对应于输入信号的负跳变，输出负的尖脉冲。脉冲的宽度取决于时间常数的大小，脉冲的幅度与输入信号跳变的幅度一样。

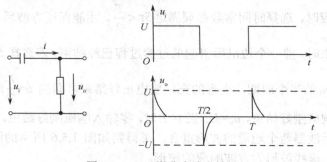

图 1.5.7 RC 微分电路和波形

当 RC 一阶电路从电容两端输出电压信号，且满足 $\tau = RC \gg \dfrac{T}{2}$

时，电路和波形如图 1.5.8 所示，$u_o(t) \approx \dfrac{1}{RC} \int_0^t u_i(t)\mathrm{d}t$。可见，输出电压与输入电压的积分成正比，称为 RC 积分电路。如果输入信号为方波，则输出波形近似为三角波。需要注意的是，由于电路时间常数很大，因此输出波形的变化幅度将远小于输入波形的幅度。用示波器观测输出波形时，应注意调节 VOLTS/DIV 旋钮，并注意比较输入、输出波形的幅度。

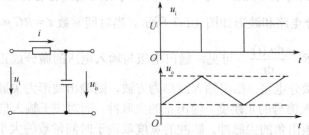

图 1.5.8 RC 积分电路和波形

（二）扩展实验任务

1. 对于矩形电压激励的 RC 串联电路，当满足 $\tau \ll t_p$（$\tau \le \dfrac{1}{5} t_p$）的条件时，将从电阻两端输出正、负尖脉冲。当输入矩形电压正跳变时，输出正的尖脉冲；当输入矩形电压负跳变时，输出负的尖脉冲。其脉冲的幅度取决于输入电压跳变的幅度，其脉冲的宽度取决于电路的时间常数 τ 的大小。该电路称为微分电路，能将矩形波转换为尖脉冲。

2. 当矩形电压激励的 RC 串联电路从电容两端输出时，若满足 $\tau \gg t_p$ 的条件，则输出近似三角波。当时间常数 τ 很大（$\tau = 10 t_p$）时，由于 $u_o(t) \ll u_R(t)$，因此输出波形近似为三角波。这种电路称为积分电路，它能将矩形波转换为三角波。

五、实验预习要求

1. 如何用示波器观察 RC 电路的零输入响应和零状态响应？与方波响应有什么关系？

2．如何测量 RC 响应的时间常数？

3．RC 积分电路和 RC 微分电路必须具备什么条件？

4．完成实验报告中实验内容的预习部分。

六、实验指导

（一）基本实验内容及步骤

1．测试 RC 一阶电路方波响应的基本规律和参数

1）用函数信号发生器输出 V_{iPP}=1V，f=1kHz 的方波信号，用示波器 CH1 通道观测该波形。

2）连接电路如图 1.5.3 所示。选择电路参数，使 $\frac{T}{2} \approx 5\tau$（建议 C=0.1μF）。用示波器 CH2 通道观测电容上的输出波形，要求 CH1、CH2 通道同时显示，记录激励和响应的波形，测量该电路的时间常数 τ，填入实验表 1.5.1，并与理论值相比较。注意，方波响应务必处于零状态响应和零输入响应（$\frac{T}{2} \geqslant 5\tau$）状态下，否则，得到的时间常数会不正确。

3）改变实验电路参数，再选择一组 R、C 参数，重复步骤 2）内容。注意，改变时间常数时，要相应地改变信号频率，使之满足 $\frac{T}{2} \geqslant 5\tau$ 的条件。

2．测试 RC 微分电路和 RC 积分电路的波形及参数

1）按照图 1.5.7 所示电路接线（建议选择 C=0.01μF），输入为 V_{iPP}=1V，f=1kHz 的方波信号，根据 C 的大小，选取合适的 R，使之满足 $\tau=RC \ll \frac{T}{2}$，用示波器观测输入、输出电压的波形，填入实验表 1.5.2。

2）按照图 1.5.8 所示电路接线（建议选择 C=1μF），输入为 V_{iPP}=1V，f=1kHz 的方波信号，根据 C 的大小，选取合适的 R，使

之满足 $\tau = RC \ll \dfrac{T}{2}$，用示波器观测输入、输出电压的波形，填入实验表 1.5.2。

（二）扩展实验内容及步骤

1. 测量矩形波与尖脉冲的转换电路

按预习中设计好的电路连接。选择合适的矩形波信号参数，观测输入、输出波形，并设计合适的表格予以记录。

2. 测量矩形波与三角波的转换电路

按预习中设计好的电路连接。选择合适的矩形波信号参数，观测输入、输出波形，并设计合适的表格予以记录。

七、实验注意事项

1. 注意各电路的时间常数与输入信号频率的关系，满足电路要求才能得到正确的波形和数据。

2. 调节示波器时，要注意触发方式开关和触发电平旋钮的配合使用，以使显示的波形稳定。

3. 用示波器进行观测时，TIME/DIV 和 VOLTS/DIV 旋钮应处于关闭状态。

4. 为防止外界干扰，函数信号发生器的接地端与示波器的接地端一定要和电路的接地端相连（称为共地）。

5. 记录测量曲线时，要标明各参数，定量画！

1.6 RLC 串联电路的频率特性

一、实验目的

1. 理解 RLC 串联电路的阻抗特性。

2. 掌握电路品质因数 Q 的物理意义，学习品质因数的测量方法。

3. 了解文氏电桥电路的结构特点及其应用。

二、实验任务（建议学时：2 学时）

（一）基本实验任务

1. 测量 RLC 串联谐振电路的频率特性，并绘制特性曲线。

2. 测量 RLC 串联谐振电路的品质因数 Q。

（二）扩展实验任务

选择合适的器件参数，组成文氏桥电路，测量其频率特性，并绘制出特性曲线。

三、基本实验条件

（一）仪器仪表

示波器（GOS-620）	1 个
函数信号发生器（EE1420）	1 个
交流毫伏表（WY2174A）	1 个

（二）器材元器件

电阻	若干
电感线圈	若干
电容器	若干
导线	若干

四、实验原理

（一）基本实验任务

1. RLC 串联电路的频率特性

如图 1.6.1 所示 RLC 串联电路中，各参数计算公式如下：

感抗 $\quad X_L = \omega L = 2\pi f L$

容抗 $\quad X_C = 1/\omega C = 1/2\pi f C$

阻抗 $\quad Z = R + \mathrm{j}(X_L - X_C) = |Z| \angle \varphi$

阻抗模 $\quad |Z| = \sqrt{R^2 + (X_L - X_C)^2}$

阻抗角 $\quad \varphi = \arctan \dfrac{X_L - X_C}{R}$

电流相量 $\quad \dot{I} = \dfrac{\dot{U}}{Z} = \dfrac{U \angle 0°}{|Z| \angle \varphi} = \dfrac{U}{|Z|} \angle -\varphi$

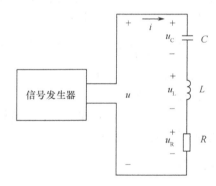

图 1.6.1 RLC 串联电路

如果 u、R、L、C 的大小保持不变，改变电流频率 f，则 X_L、X_C、$|Z|$、φ、I 等都将随着 f 的变化而变化，它们随频率变化的曲线称为频率特性。阻抗和电流随频率变化的曲线如图 1.6.2 所示。

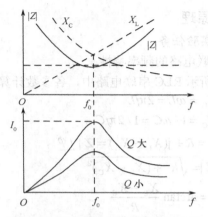

图 1.6.2 阻抗和电流的频率特性曲线

随着频率的变化，当 $X_L > X_C$ 时，电路呈感性，电压超前于电流；当 $X_L < X_C$ 时，电路呈容性，电压滞后于电流；而当 $X_L = X_C$ 时，电路呈阻性，此时频率为 $\omega_0 = \dfrac{1}{\sqrt{LC}}$ ，电路发生串联谐振。

RLC 串联谐振电路具有以下主要特征。

①串联谐振电路阻抗：$|Z| = R$

RLC 串联电路产生谐振时，电路呈阻性，阻抗模最小，$|Z| = R$。阻抗随频率变化的曲线如图 1.6.2 所示。

②串联谐振电路电流：$I_0 = \dfrac{U}{R}$

RLC 串联电路产生谐振时，电源电压全部降在电阻上，当电源电压一定时，电路中电流最大。电流随频率变化的曲线如图 1.6.2 所示。电阻 R 越小，电流就越大。

③品质因数：$Q = \dfrac{U_L}{U} = \dfrac{U_C}{U} = \dfrac{\omega_0 L}{R} = \dfrac{1}{\omega_0 R}$

通信领域中，把谐振时电感电压 U_L 或电容电压 U_C 与电源电压 U 之比称为该电路的品质因数 Q。RLC 串联电路产生谐振时，$\dot U_L = -\dot U_C$，$\dot U = \dot U_R$，$\dot U_L$ 与 $\dot U_C$ 大小相等，相位相反，互相抵消。此时，U_L 和 U_C 的数值可能高于电源电压若干倍。R 越小，Q 越大，谐振曲线越尖锐；R 越大，Q 越小，谐振曲线越平坦。Q 与谐振曲线的关系如图 1.6.3 所示。

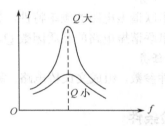

图 1.6.3 Q 与谐振曲线的关系

（二）扩展实验任务

如图 1.6.4 所示的 RC 串、并联电路称为文氏桥电路。该电路被广泛应用于低频振荡电路中，作为选频电路。

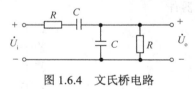

图 1.6.4 文氏桥电路

若电路的输入为 $\dot U_i$，输出为 $\dot U_o$，则两者关系为：

$$\frac{\dot{U}_{\mathrm{o}}}{\dot{U}_{\mathrm{i}}} = \frac{R /\!/ \dfrac{1}{\mathrm{j}\omega C}}{R + \dfrac{1}{\mathrm{j}\omega C} + R /\!/ \dfrac{1}{\mathrm{j}\omega C}} = \frac{1}{3 + \mathrm{j}\left(\omega RC - \dfrac{1}{\omega RC}\right)}$$

其频率特性曲线如图 1.6.5 所示。当 $f_0 = \dfrac{1}{2\pi RC}$ 时，电路产生谐振。输出电压与输入电压同相位，且输出电压最大，为输入电压的三分之一。

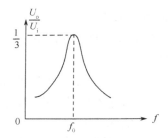

图 1.6.5　文氏桥电路的频率特性曲线

五、实验预习要求

1．如何判断电路是否发生谐振？怎样测量谐振点？可考虑多种办法。

2．如何改变电路的参数以提高电路的品质因数。

3．谐振时，U_L 与 U_C、U_R 与 U 是否分别相等？分析其原因。

4．完成实验报告中实验内容的预习部分。

六、实验指导

（一）基本实验内容及步骤

1．测量 RLC 串联电路的阻抗特性

1）按图 1.6.1 接好电路，函数信号发生器输出 U_i(有效值)=2V，f=1kHz 的正弦波信号，并用交流毫伏表校对其电压值。

2）保持正弦波信号的幅值不变，改变其频率（1～20kHz），分别测量电阻、电感、电容上的电压和电流，并根据所测结果计算在不同频率下的电阻、感抗、容抗，填入实验表 1.6.1（L=0.33mH，C=1μF，R=100Ω）。

2．测量 RLC 串联电路的谐振特性

1）参数的选定：L=0.33mH，C=1μF，R=100Ω。

按图 1.6.1 接好电路。输入电压 U_i(有效值)=2V。依次调节信号的频率，每改变一次频率，同时调节信号的幅值，以保证输入电压 U_i(有效值)=2V。

2）连续改变函数信号发生器输出电压的频率，当 I 最大时，该电压信号的频率即为谐振频率 f_0（参考预习报告中计算的谐振频率选择测试点）。

3）确定谐振频率 f_0 后，使测试点频率相对于 f_0 分别增大和减小，取不同的频率点，用交流毫伏表分别测得对应的 U_R、U_L、U_C，并计算 Q，填入实验表 1.6.2。为使电流频率特性曲线中间突出部分的测绘更准确，可在 f_0 附近多取几个点。

4）用示波器观测在不同频率下输入电压与电流的相位关系（电阻上的电压波形即为电流波形）。

5）改变电阻值，重复实验步骤 1）和 2），观察品质因数的变化，数据填入实验表 1.6.3。

（二）扩展实验内容及步骤

测量文氏桥电路的幅频特性。

1）按图 1.6.4 接线，取 R=1kΩ，C=0.1μF。

2）调节 U_i(有效值)=3V 的正弦波信号，接入图 1.6.4 电路的输入端。

3）改变输入信号频率 f，并保持 U_i(有效值)=3V 不变，测量输出电压 U_o。（可先测量 $\dfrac{U_o}{U_i}=\dfrac{1}{3}$ 时的频率 f_0，然后再在 f_0 附近设置其他频率点测量），数据填入实验表 1.6.4。

4）取 R=200Ω，C=2.2μF，重复上述测量，数据填入实验表 1.6.5。

七、实验注意事项

1．由于信号源内阻的影响，输出电压的幅值会随信号频率的变化而变化。因此，在调节输入信号频率时，应同时调节其幅值，以使电路输入电压的有效值保持不变。

2．实验前应根据所选元器件数值，计算出谐振频率 f_0 的理论值，以便和测量值加以比较。

3．观测波形时，示波器与函数信号发生器一定要共地！

1.7 感性电路的测量及功率因数的提高

一、实验目的

1．进一步理解交流电路中电压、电流的相量关系。

2．学习感性负载电路提高功率因数的方法。

3．学习交流电压表、电流表、功率表的使用。

二、实验任务（建议学时：2学时）

（一）基本实验任务

1．正确连接日光灯电路，并学习测量日光灯电路中的各项参数。

2．选择合适的实验电路，采取正确的实验方法，提高感性负载电路的功率因数。

（二）扩展实验任务

采用正确的实验方法排除日光灯电路的简单故障。

三、基本实验条件

（一）仪器仪表

交流电压表	1个
交流电流表	1个
单相功率表	1个

（二）器材元器件

日光灯电路板	1套
电流插孔	若干
电容器	若干

四、实验原理

（一）基本实验任务

1．日光灯电路的组成及工作原理

日光灯电路由日光灯管、镇流器、启动器及开关组成，如

图 1.7.1 所示。

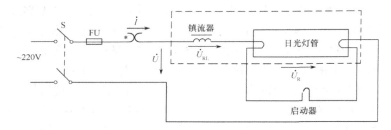

图 1.7.1　日光灯电路

1）日光灯管

日光灯管是内壁涂有荧光粉的玻璃管，两端有钨丝，钨丝上涂有易发射电子的氧化物。玻璃管抽成真空后充入一定量的氩气和少量水银，氩气具有使灯管易发光和保护电极、延长灯管寿命的作用。工作时，灯管可认为是电阻性负载。

2）镇流器

镇流器是一个具有铁心的线圈。在日光灯启动时，它和启动器配合产生瞬间高压促使灯管导通，管壁荧光粉发光。灯管发光后在电路中起限流作用。工作时，镇流器是电感性负载。

3）启动器

启动器的外壳是用铝或塑料制成的，壳内有一个充有氖气的小玻璃泡和一个纸质电容器。玻璃泡内有两个电极，其中弯曲的触片是由热膨胀系数不同的双金属片（冷态为常开触点）制成的。电容器的作用是避免启动器触片断开时产生的火花将触片烧坏，同时防止管内气体放电时对外产生电磁波辐射。

4）日光灯发光原理及启动过程

在图 1.7.1 电路中接通电源后，电源电压（220V）全部加载在

启动器的静触片和双金属片两端，高压产生强电场使氖气放电（红色辉光），热量使双金属片伸直后与静触片相连。电流经过镇流器、灯管两端灯丝及启动器构成的通路。灯丝流过电流被加热（温度可达 800～1000℃）后产生热电子发射，释放大量电子，致使管内氩气电离，水银蒸发为水银蒸气，为灯管导通创造了条件。

由于启动器玻璃泡内两个电极的接触，电场消失，使氖气停止放电，从而玻璃泡内温度下降，双金属片因冷却而恢复原来状态，致使启动电路断开。此时，由于镇流器中的电流突变，在镇流器两端产生一个很高的自感电动势，这个自感电动势和电源电压串联叠加后，加载在灯管两端形成一个很强的电场，使管内水银蒸气产生弧光放电，工作电路在弧光放电时产生的紫外线激发了灯管壁上的荧光粉，从而使灯管发光。由于其发出的光近似日光，故称为日光灯。在日光灯进入正常工作状态后，由于镇流器的作用，加载在启动器上的电压远小于电源电压，启动器不再产生辉光放电，即处于冷态的常开状态，而日光灯处于正常工作状态。

2. 感性负载并联电容器改善电路的功率因数

日光灯工作时，灯管可以认为是一个电阻负载，镇流器可以认为是一个电感量较大的感性负载，两者串联构成一个 RL 串联电路。日光灯工作时，整个电路可用如图 1.7.2 所示的等效串联电路来表示。由于电路中所消耗的功率为：$P=UI\cos\varphi$，故测出 P、U、I 后，即可求出电路的功率因数 $\cos\varphi$ 的数值。功率因数的高低反映了电源容量利用率的大小。电路功率因数低，说明电源容量没有被充分利用。同时，无功电流在输电电路上会造成无谓的损耗。因此，提高电路的功率因数，是电力系统的重要课题。

功率因数较低时，可并联合适的电容来提高电路的功率因数。并联补偿电容 C 以后，原来的感性负载取用的无功功率中的一部分，将由补偿电容提供，这样由电源提供的无功功率就减少了，电路的总电流也会减小，从而使得感性电路的功率因数 $\cos\varphi$ 得到了提高。当功率因数等于1时，电路产生并联谐振，此时电路的总电流最小。若并联电容过大，则产生过补偿。

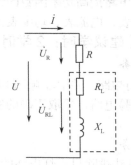

图 1.7.2　日光灯等效电路

（二）扩展实验任务

日光灯的简单故障及排除。

1）灯管连续闪烁，周期性地时暗时亮。这种故障一般是启动器中氖管使用日久老化的结果，只要更换一个相同规格的启动器即可排除。

2）灯管两端发红而不能跳亮，取下启动器就能正常发光。故障原因，可能是启动器中的小电容器被击穿，也可能是启动器中的双金属片与静触片粘在一起不能复原，更换新启动器即可。

3）接通电源后，启动器氖灯和灯管两端均不发红，各元器件都是好的。故障原因可能是断路或者接触不良（特别是灯管两端灯脚与灯座）。轻轻旋动灯管、启动器，仔细检查接线是否断开或者接错，再检查电源（可利用电压表检查电路中各部分的电压，来判断断路点)。该方法可排除一般故障。

4)如果在日光灯点亮前启动器损坏,可采取下面的应急措施点亮日光灯。把连接启动器的两个线头互相短接一下,看到灯管两端发红时迅速断离。如果没有启动,则再次短接,一般在三五次内会启动。此方法适用于启动器损坏临时应急,以及电压不足、灯管老化等情况。

实验预习要求

1.感性负载并联合适的电容提高功率因数时,电路中哪些参数将发生变化?如何变?哪些参数不变,为什么?

2.试用相量图说明并联电容过大,功率因数反而下降的原因。

3.完成实验报告中实验内容的预习部分。

五、实验指导

(一)基本实验内容及步骤

1.测量日光灯电路并联电容前的参数

1)按图 1.7.3 接好电路,断开 S_2,合上电源开关 S_1,接通电源,观察日光灯的启动过程。

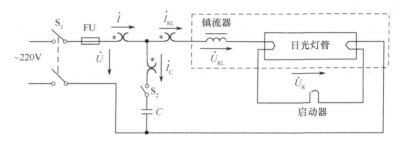

图 1.7.3 日光灯并联电容电路

2)测量日光灯电路的端电压 U、灯管两端电压 U_R、镇流器两端电压 U_{RL}、电路电流 I(即日光灯电流 I_{RL})、电路总功率 P、日光灯功率 P_R 和镇流器功率 P_{RL},并计算功率因数 $\cos\varphi$,将数据填入实验表 1.7.1。

2.测量日光灯电路并联电容后的参数

合上开关 S_2,将日光灯电路两端并联电容 C。逐渐增大电容,每改变一次电容,都要测量端电压 U、电路电流 I、日光灯电流 I_{RL}、电容器电流 I_C 和电路总功率 P,并计算功率因数 $\cos\varphi$。将数据填入实验表 1.7.2。

(二)扩展实验内容及步骤

实验时,不安装启动器,取两根导线分别接在图 1.7.3 启动器两端，互相短接一下两根导线，看到灯管两端发红时迅速断离。如果没有启动，则再次短接，直至点亮日光灯。注意：切勿同时触摸导线的两端。日光灯点亮后取下两根导线。

六、实验注意事项

1. 本实验用交流市电 220V，务必注意用电和人身安全。

2. 电路连线正确，日光灯不能启动时，应检查灯管及启动器接触是否良好。

3. 灯管一定要与镇流器串联后接到电源上，切勿将灯管直接接到 220V 电源上。

4. 操作中要严格遵守"先接线，后通电；先断电，后拆线"的原则。

1.8 三相正弦交流电路的研究

一、实验目的

1. 掌握三相负载星形连接、三角形连接的方法，以及三相电路中相电压与线电压、相电流与线电流的关系。

2. 理解三相四线制电路中，中线的作用。

3. 应用三表法和两表法测量三相电路的有功功率。

二、实验任务（建议学时：2 学时）

（一）基本实验任务

1. 测量三相四线制电源的相电压、线电压，记录测量结果。

2. 将三相负载连接成星形对称负载，测量电路中各相的电压、电流。

3. 分别用两表法和三表法测量星形对称负载的有功功率。

4. 将三相负载连接成星形不对称负载，分别测量在有中线和无中线两种情况下各相的电压、电流。

5. 将三相负载连接成三角形对称负载，测量电路中各相的电压、电流，并分别用两表法和三表法测量三相负载的有功功率。

6. 将三相负载连接成三角形不对称负载，再次测量电路中各相的电压、电流，分别用两表法和三表法测量三相负载的有功功率。

（二）扩展实验任务

1. 设计相序指示器，分析相序指示器的工作原理。

2. 利用相序指示器测量三相电路的相序，记录实验现象，判断三相电源的相序。

三、基本实验条件

（一）仪器仪表

交流电压表　　　　　1 个

交流电流表　　　　　1 个

单相功率表　　　　　1 个

（二）器材元器件

电流插孔　　　　　6 个

白炽灯　　　　　若干

四、实验原理

（一）基本实验任务

1. 三相电源

星形连接的三相四线制电源的线电压和相电压都是对称的，其大小关系为 $U_L = \sqrt{3} U_P$。通常，三相电源的电压是指线电压的有效值。

2. 三相负载的连接

三相负载有星形（Y）和三角形（△）两种连接方式。星形连接时，根据需要可以连接成三相三线制或三相四线制；三角形连接时，只能用三相三线制供电。在电力供电系统中，电源一般均为对称的，负载分为对称负载和不对称负载两种情况。

1）三相负载的星形连接

有中线时，不论负载是否对称，总满足以下关系

$$U_P = \frac{U_L}{\sqrt{3}}, \quad I_L = I_P$$

无中线时，只有对称负载，上述关系才成立。若负载不对称又无中线，则上述电压关系不成立，即：每相负载上的相电压不对称。因此，负载星形连接时，中线不能任意断开。

2）三相负载的三角形连接

三相负载进行三角形连接时，不论负载是否对称，总满足

$U_L=U_P$。当负载对称时，电路中的电流满足 $I_L = \sqrt{3}I_P$；当负载不对称时，上述电流关系不成立。

3．三相功率的测量

根据功率表的基本原理，在测量交流电路中负载上的功率时，其读数 P 取决于

$$P=UI\cos\varphi$$

式中，U 为加载在功率表电压线圈上的电压有效值，I 为流过功率表电流线圈的电流有效值，φ 为 u 与 i 之间的相位差。

要测量三相负载所消耗的总功率 P，可用功率表分别测量每相负载的功率，然后求其和，即：

$$P= P_1+P_2+P_3$$

此方法称为三表法，其测量电路如图 1.8.1 所示。若为对称负载，则可测量其中一相负载的功率，乘以 3 后，即为三相总功率。

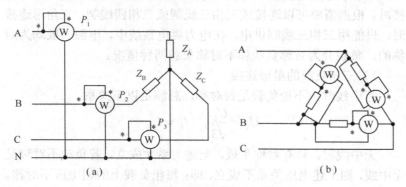

图 1.8.1　用三表法测量三相总功率

而在三相三线制电路中，通常用两个功率表测量三相功率，此法称为两表法，其测量电路如图 1.8.2 所示。三相总功率为：

$$P=P_1+P_2$$

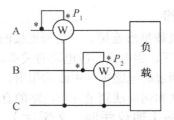

图 1.8.2　用两表法测量三相总功率

用两表法测量三相总功率时，应注意以下问题。

1）两表法适用于对称或不对称的三相三线制电路，而对于三相四线制电路一般不适用。

2）两表法的接法：将两个功率表的电流线圈分别串接于任意两根火线上，它们电压线圈的另一端（即无*端）共同接到没有串联电流线圈的第三根火线上。

3）在对称三相电路中，两个功率表的读数与负载功率因数之间的关系如下。

① 当负载为纯电阻时，两个功率表的读数相等。

② 当负载的功率因数大于 0.5 时，两个功率表的读数均为正。

③ 当负载的功率因数等于 0.5 时，一个功率表的读数为零。

④ 当负载的功率因数小于 0.5 时，一个功率表的指针会反转。为了读数，可将转换开关由"+"转换到"-"，此时该表读数应取负值。

（二）扩展实验任务

三相电源相序的判断方法如下。

三相电源的相序 A、B、C 是相对的，它表征了三相正弦交流

电压依次达到最大值的顺序，其中任何一相均可作为 A 相，该相确定后，B 相和 C 相也就确定了。判断三相电源的相序可以采用图 1.8.3 所示的相序指示器电路，它是由一个电容和两个瓦数相同的白炽灯连接成的星形不对称三相电路。假定电容器所接的是 A 相，则灯光较亮的一相是 B 相，灯光较暗的一相是 C 相。

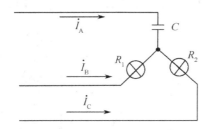

图 1.8.3　相序指示器电路

五、实验预习要求

1．分析三相负载星形连接和三角形连接，各相值与线值的关系如何？根据什么条件选择负载星形连接还是三角形连接？

2．简述三相四线制电路中，中线的作用。

3．两表法如何测量三相总功率？与三表法有何区别？

4．完成实验报告中实验内容的预习部分。

六、实验指导

（一）基本实验内容及步骤

1．测量三相四线制电源的相电压、线电压

将测量数据填入实验表 1.8.1。

2．三相负载星形连接电路

1）将灯泡做对称负载星形连接，按图 1.8.4 接好电路，检查无误后合上电源开关。

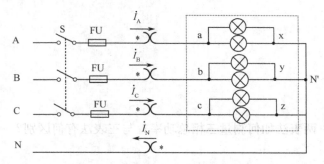

图 1.8.4　三相对称负载星形连接电路

2）电路如图 1.8.4 所示对称负载，保留中线，测量电路中的线电压、负载相电压、线电流和中线电流，将测量数据填入实验表 1.8.2。

3）电路如图 1.8.4 所示，保留中线，用三表法测量负载总功率，功率表的接法如图 1.8.1（a）所示，将测量数据填入实验表 1.8.3，并计算电路的总功率。

4）电路如图 1.8.4 所示，断开中线，测量电路中的线电压、负载相电压和线电流，将测量数据填入实验表 1.8.2。

5）电路如图 1.8.4 所示，断开中线，用两表法测量负载总功率，

功率表的接法如图 1.8.2 所示，将测量数据填入实验表 1.8.3，根据测量数据计算电路的总功率，并与三表法的计算结果进行比较。

6）将灯泡负载做不对称星形连接，电路如图 1.8.5 所示，检查无误后合上电源开关。测量不对称负载在有中线和无中线两种情况下的各电量。将测量数据填入实验表 1.8.2。注意：U_{AN}、U_{BN}、U_{CN} 为有中线时的相电压，U_{AN}'、U_{BN}'、U_{CN}' 为无中线时的相电压。

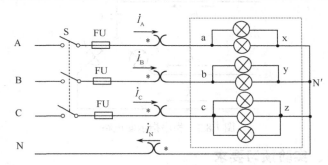

图 1.8.5　不对称负载星形连接电路

3．三相负载三角形连接电路

1）按图 1.8.6 电路接线，注意电源线电压为 380V，因此每相负载中两个灯泡应串联（灯泡的额定电压为 220V）。

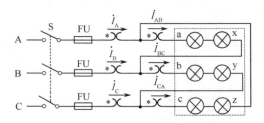

图 1.8.6　对称负载三角形连接

2）测量对称负载时的线电压、线电流和相电流，将测量数据填入实验表 1.8.4。

3）分别用三表法和两表法测量三角形对称负载电路的总功率，功率表的接法如图 1.8.1（b）和 1.8.2 所示，将测量数据填入实验表 1.8.5，并计算电路的总功率。

4）将 c、z 之间的灯泡去掉，如图 1.8.7 所示，测量不对称负载时的各电量，将测量数据填入实验表 1.8.4。

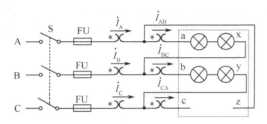

图 1.8.7　不对称负载三角形连接电路

5）分别用三表法和两表法测量三角形不对称负载电路的总功率，将测量数据填入实验表 1.8.5，并计算电路的总功率。

（二）扩展实验内容及步骤

相序指示器电路如 1.8.8 所示，A 相负载为 4.7μF 的电容器，B、C 相为相同瓦数的白炽灯。根据灯泡的亮度判断所接电源的相序。自拟实验表格，记录各相负载的相电压和电流，记录灯泡的亮度并判断电源的相序。

七、实验注意事项

1. 本实验采用三相交流电源，实验时应注意人身安全，不可触及导线部分，防止意外事故发生。

2. 每次接线完成，确认无误后方可接通电源，实验中必须严

格遵守"先接线，后通电；先断电，后拆线"的操作规则。

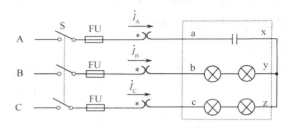

图 1.8.8　相序指示器电路

3. 不对称负载连接成星形时，中线断开测量的时间不宜过长，测量完毕应立即断开电源或接通中线。

4. 中线上不应加熔断器。

5. 三相负载为白炽灯，额定电压为 220V，当负载连接成三角形时，应注意电源电压仍然为 380V，因此需要两灯泡串联。

6. 为了便于测量负载三角形连接时的线电流和相电流，在每相负载中，以及供电路中，均应串入电流插孔。

7. 三表法测量时，功率表的电压线圈中加载的是相电压，电流线圈通过的是相电流。

8. 两表法测量时，功率表的电压线圈加载的是线电压，电流线圈通过的是线电流。注意：两次测量时，电压线圈应有一个公共端，该公共端应设置在未测量电流的第三根火线上。

第2章　模拟电子技术实验

2.1　基本放大电路的研究

一、实验目的

1. 掌握单级共射放大电路最佳静态工作点的设置与调试方法。

2. 掌握基本放大电路放大倍数、输入电阻、输出电阻、幅频特性及最大不失真输出电压的测量方法。

3. 理解基本放大电路参数对静态工作点、放大倍数及输出波形的影响。

二、实验任务（建议学时：4学时）

（一）基本实验任务

1. 设置和调试单级共射放大电路的静态工作点，并分析静态工作点对放大电路性能的影响。

2. 测量基本放大电路的放大倍数、输入电阻、输出电阻、最大不失真输出电压及幅频特性。

3. 改变放大电路参数，测量并分析这些参数对放大电路性能的影响。

（二）扩展实验任务

调试单级共集电极放大电路（射极跟随器），理解其电路特点。

三、基本实验条件

（一）仪器仪表

示波器（GOS-620）　　　　　　1个

直流稳压电源（SS1791）　　　　1个

函数信号发生器（EE1420）　　　1个

数字万用表（VC8045-II）　　　　1个

交流毫伏表（WY2174A）　　　　1个

（二）器材元器件

定值电阻　　　　　　　　　　若干

电位器　　　　　　　　　　　1个

电容　　　　　　　　　　　　若干

NPN型晶体管　　　　　　　　1个

四、实验原理

（一）基本实验任务

共射放大电路是常用的基本放大电路。其主要功能是完成对小信号电压无失真放大。常用的单级（阻容耦合）共射放大电路有如图 2.1.1 和图 2.1.2 所示的两种。

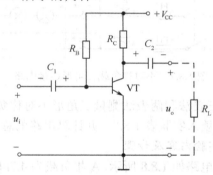

图 2.1.1　固定偏置共射放大电路

如图 2.1.1 所示为固定偏置共射放大电路。该电路的优点是：结构简单，有较强的放大能力。缺点是：输入电阻小，在温度变化时，静态工作点不稳定，可能会导致放大电路输出波形的失真。

如图 2.1.2 所示为分压式偏置共射放大电路。该电路的优点是：能够自动稳定静态工作点，减小温度对放大电路稳定性的影响。缺点是：输入电阻比较小，电压放大倍数不高。下面以该电路为例，进行基本放大电路的分析。

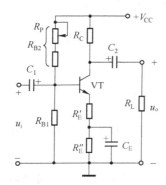

图 2.1.2　分压式偏置共射放大电路

1．放大电路的静态工作点

放大电路静态工作点的设置与调整十分重要。输出信号不失真的首要条件是要有合适的、稳定的静态工作点。同时，由于晶体管的输入电阻 r_{be} 与静态工作点有关，因此静态工作点的变化也会影响放大电路的输入电阻和放大倍数。

1）静态工作点的选择

晶体管为非线性元器件，如果静态工作点选择不当，输入信号的变化范围进入晶体管的非线性区，则会产生非线性失真。合适的静态工作点 Q 能得到最大不失真输出电压，一般选在交流负载线的中点处（注意：即使 Q 点合适，如果输入信号过大，饱和失真与截止失真将会同时出现）。

若 Q 点过低（I_B 小，则 I_C 小，U_{CE} 大），则晶体管进入截止区，产生截止失真，其输出电压产生缩顶现象；若 Q 点过高（I_B 大，I_C 大，U_{CE} 小），则晶体管进入饱和区，产生饱和失真，其输出电压

产生削底现象。单级共射放大电路中 Q 点过高或过低时的失真状态，如图 2.1.3 所示。

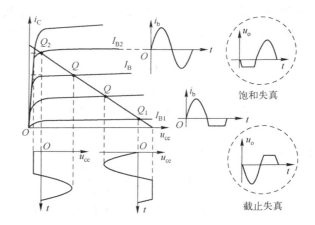

图 2.1.3　单级共射放大电路中 Q 点过高或过低时的失真状态

2）静态工作点的调整

图 2.1.2 电路中，静态工作点的调整一般是通过调节电位器 R_{B2} 实现的。因为，相比于其他电路参数，调整 R_{B2} 对放大电路动态指标的影响最小，有

$$I_C \approx I_E = \left(\frac{V_{CC} \cdot R_{B1}}{R_{B1} + R_{B2}} - U_{BE} \right) / R_E$$

$$U_{CE} \approx V_{CC} - I_C(R_C + R_E)$$

因此，减小 R_{B2}，将使 U_{CE} 减小，静态工作点升高；增大 R_{B2}，将使 U_{CE} 增大，静态工作点降低。

3）静态工作点测量

在输入信号为零时，选择正确的仪器和方法，测量晶体管的

U_{CE} 和 I_C。

2．放大电路的动态参数

放大电路的主要性能指标（动态参数）有电压放大倍数、输入电阻、输出电阻、最大不失真输出电压及频率特性等。参考图 2.1.2 电路，有

$$A_u = -\frac{\beta(R_C // R_L)}{r_{be} + (1+\beta)R_E}$$

$$R_i = R_{B1} // R_{B2} // [r_{be} + (1+\beta)R_E]$$

$$R_o \approx R_C$$

在以上理论推导公式中，有

$$r_{be} = 200(\Omega) + (1+\beta)\frac{26(mV)}{I_E(mA)}$$

式中，I_E 为发射极静态电流。因此，静态工作点将影响放大倍数等动态参数。

1）电压放大倍数的测量

放大倍数越大越好，但前提是不失真。电压放大倍数等于输出电压与输入电压有效值之比，即 $A_u = \dfrac{U_o}{U_i}$。

2）输入电阻的测量

输入电阻反映了放大电路消耗信号源功率的大小。一般信号源都是电压信号，R_i 越大，输入端获取的电压信号越大，越容易采集。与此同时，放大电路从信号源索取的电流小，对信号源的影响小。

如图 2.1.4 所示，测量方法通常是在放大电路输入端与信号源之间串入一个电位器 R_S，调节电位器阻值，用示波器观察输入、输出波形，当 U_i 等于 U_S 的一半时，电位器当前阻值即为输入电阻的阻值。也可用一个定值电阻代替电位器，测量 U_S 和 U_i 的值，代

入公式 $R_i = \dfrac{U_i}{U_S - U_i}R_S$，计算出 R_i。

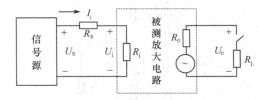

图 2.1.4　输入、输出电阻测量电路

3）输出电阻的测量

输出电阻的大小反映了放大电路的带负载能力，R_o 越小，带负载能力越强。放大电路的输出端可看成有源二端网络，如图 2.1.4 所示。在输出波形不失真情况下，分别测量输出端不带负载 R_L 的输出电压 U_o' 和带负载后的输出电压 U_o，代入公式 $R_o = \left(\dfrac{U_o'}{U_o} - 1\right)R_L$，计算出 R_o。

*4）幅频特性的测量

放大电路的幅频特性是指放大器的电压放大倍数 A_u 与输入信号频率 f 之间的关系。单极（阻容耦合）共射放大电路的幅频特性曲线如图 2.1.5 所示。A_{um} 为中频电压放大倍数。

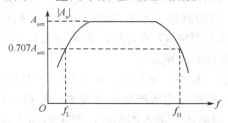

图 2.1.5　单极共射放大电路的幅频特性曲线

通常规定，当电压放大倍数随频率变化到中频放大倍数的 $1/\sqrt{2}$，即 $0.707A_{um}$ 时，所对应的两个频率分别称为下限截止频率 f_L 和上限截止频率 f_H，则通频带为

$$f_{BW} = f_H - f_L$$

放大器幅频特性的测量方法是：测量放大电路不同频率的输入信号所对应的输出电压，通过"逐点"测量，得到放大器的幅频特性曲线。

（二）扩展实验任务

如图 2.1.6 所示为共集电极放大电路。该电路的优点是：输入电阻高，输出电阻低。缺点是：无电压放大能力。由于输入信号从基极对地输入，从发射极对地输出，输出电压能够在一定范围内跟随输入电压线性变化，故常被称为射极跟随器。

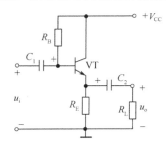

图 2.1.6 共集电极放大电路

1. 静态工作点

1) 电源电压一定时，放大电路的静态工作点取决于偏置电阻 R_B 的值，调整放大电路的静态工作点是通过调整 R_B 实现的，即

$$I_B = \frac{V_{CC} - U_{BE}}{R_B + (1+\beta)R_E}$$

$$I_C \approx I_E = (1+\beta)I_B$$
$$U_{CE} = V_{CC} - I_E R_E$$

2) 静态工作点的测量

使用万用表的直流挡测量 R_E 上的电压，计算发射极电流 $I_C \approx I_E$。

3) 静态工作点的调整

为了方便静态工作点的调整，通常将偏置电阻设为一个定值电阻和一个可调电阻的串联，通过可调电阻调整静态工作点。

2. 射极输出器的动态性能

1) 电压放大倍数近似为 1，即 $A_u \approx 1$ 或 $\dot{U}_o = \dot{U}_i$。

2) 输入电阻高：$R_i = R_B // [r_{be} + (1+\beta)R_E // R_L]$。

3) 输出电阻低：$R_o \approx R_E // \dfrac{r_{be} + R_B}{1+\beta} \approx \dfrac{r_{be} + R_B}{1+\beta}$。

A_u、R_i、R_o 的测量方法同上。

五、实验预习要求

1. 如何调节放大电路的最佳静态工作点？

2. 如何测量放大电路的电压放大倍数 A_u？提高放大电路电压放大倍数的措施有哪些？

3. 如何测量放大电路的输入电阻 R_i？若有一个电压源信号且内阻特别大，应如何调整放大电路？具体措施有哪些？（提示：可考虑增加电路模块。）

4. 如何测量放大电路的输出电阻 R_o？重负载时，应如何调整放大电路？具体措施有哪些？（提示：可考虑增加电路模块。）

5．完成实验报告中实验内容的预习部分。

六、实验指导

（一）基本实验内容及步骤

1．检查元器件。

用万用表检查晶体管的好坏，并测量晶体管的 β 值。

2．搭建电路。

按图 2.1.2 电路接线，选 $V_{CC}=12V$，$R_{B1}=15k\Omega$，$R_{B2}=R_P+20k\Omega$，$R_P=100k\Omega$，$R_C=2k\Omega$，$R_E'=100\Omega$，$R_E''=1k\Omega$，负载开路。操作时需要注意以下三点。

①对于电解电容，应注意其正、负极性，正极接高电位，负极接低电位。

②电路反复检查无误后，再接入直流供电电源。

③通电后，不要急于测量数据，先观察一会儿。若有冒烟、异常气味、元器件发烫等现象，应立即断电，排除故障后重新通电。

3．调整静态工作点，观察不同静态工作点对输出波形的影响。

1）降低静态工作点，观察截止失真波形。

将 R_P 的阻值调至最大，推荐输入 U_i(有效值)=100mV，f=1kHz 的正弦波信号，观测截止失真波形。再将输入信号置零（u_i=0），测量 U_{CE}、I_E（U_E）、R_{B2}，将数据填入实验表 2.1.1，画出输入、输出波形图，并分析失真原因。

实际测量时，需要注意以下几点。

①用示波器同时观测输入、输出波形。由于函数信号发生器有内阻，与放大电路输入电阻存在串联分压关系，因此，为减小误差，应实测放大电路输入端电压，不宜直接读取函数信号发生器上显示的电压值。

②当 R_P 增至最大时，失真波形仍不明显，可适当增大输入信

号 u_i，直至输出电压波形出现明显的截止失真。

③静态工作点均为直流信号，应使用万用表的直流挡进行测量。

④测量电流 I_E 时，需要把待测支路断开，将电流表串联在支路中。实际测量时，一般采用"测量定值电阻两端电压，计算出电流"的方法来完成测量，即：测量 U_E，代入公式 $I_E=\dfrac{U_E}{R_E'+R_E''}$，计算出 I_E。

⑤测量 R_{B2} 时，必须断电，并且将电阻 R_{B2} 的一端从电路中断开后，用万用表的欧姆挡进行测量。

2）升高静态工作点，观察饱和失真波形。

将 R_P 阻值调至最小，输入 U_i(有效值)=100mV，f=1kHz 的正弦波信号，观测饱和失真波形。令 u_i=0，测量 U_{CE}、I_E（U_E）、R_{B2}，将数据填入实验表 2.1.1，画出输入、输出波形图，并分析失真原因。

3）增大输入信号，观察既饱和又截止的失真波形。

增大输入信号，当饱和截止失真同时出现时，调节 R_P 使失真波形最大值和最小值相等，观测失真波形。令 $u_i=0$，测量 U_{CE}、I_E（U_E）、R_{B2}，将数据填入实验表 2.1.1，画出输入、输出波形图，并分析失真原因。

4）找到合适的静态工作点，测量最大不失真输出电压。

减小输入信号，继续调节 R_P，直至饱和及截止失真同时消失，此时为合适的静态工作点，观测该最大不失真输出电压。

4．测量电压放大倍数 A_u。

电压放大倍数是输出电压与输入电压的比值。保持静态工作点不变（即 R_P 不变），输出波形不失真，推荐输入 U_i(有效值)=100mV，f=1kHz 的正弦波信号。按照实验表 2.1.2 中的参数要求，测量 U_i

和 U_o，代入公式 $A_u = \dfrac{U_o}{U_i}$，计算 A_u，并分析电压放大倍数变化的原因。

实际测量时，需要注意以下两点。

①若输出波形失真，可减小输入信号，但不要改变 R_P。务必在波形不失真情况下，用交流毫伏表或示波器测量 U_i 和 U_o。

②电压放大倍数与放大电路静态工作点有关，因此，找到合适的静态工作点后，不宜再调整 R_P。

5. 测量输入电阻 R_i。

输入电阻是从放大器输入端看进去的交流等效电阻，本实验采用换算法测量输入电阻，电路如图 2.1.7 所示。推荐 $R_S = 4.7\text{k}\Omega$，输入 U_S（有效值）=200mV、f=1kHz 正弦波信号。实测 U_S 和 U_i，代入公式 $R_i = \dfrac{U_i}{U_S - U_i} R_S$，计算 R_i，填入实验表 2.1.3。

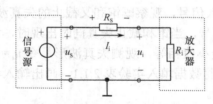

图 2.1.7　用换算法测量 R_i 的原理图

实际测量时，需要注意以下几点。

①R_S 的取值不宜太大，也不宜太小。一般应提前估算放大电路输入电阻 R_i 的大小，选择 R_S 和 R_i 为同一数量级。

②输入电阻与放大电路静态工作点有关，应置于合适的静态工作点处，即：在输出波形不失真情况下，测量 U_S 和 U_i。

6. 测量输出电阻 R_o。

输出电阻是指，当 $u_i=0$，断开负载时，从输出端向放大器看进去的交流等效电阻。它与输入电阻都是动态电阻，同样采用换算法测量，测量电路如图 2.1.8 所示。

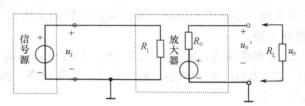

图 2.1.8　用换算法测量 R_o 的原理图

输入 U_i（有效值）=100mV，f=1kHz 的正弦波信号，测量空载电压 U_o' 和带载电压 U_o，代入公式 $R_o = \left(\dfrac{U_o'}{U_o} - 1\right) R_L$，计算 R_o，填入实验表 2.1.4，分析 R_C 的取值对输出电阻的影响。实际测量时，必须保持 R_L 接入前、后输入信号的大小不变。

7. 幅频特性的测量。

幅频特性反映了同一放大电路对不同频率输入信号的电压放大倍数不同。逐点法测量步骤如下。

1）$R_C=2\text{k}\Omega$，负载开路，推荐输入 U_i（有效值）=100mV、f=1kHz 的正弦波信号，在输出波形不失真条件下，用交流毫伏表测量 U_i 及中频段输出电压 U_{om}，计算中频电压放大倍数 A_{um}，将数据填入实验表 2.1.5。

2）频率增大到 100kHz 以上，记录输出电压降低到 $0.707U_{om}$ 时的上限截止频率 f_H，将数据填入实验表 2.1.5。

3）为了便于画出幅频特性曲线，微调频率，在 f_H 附近多测几个频率点，将数据填入实验表 2.1.5。

4）频率减小到 100Hz 以下，记录输出电压降低到 $0.707U_{om}$ 时的下限截止频率 f_L，将数据填入实验表 2.1.5。

5）微调频率，在 f_L 附近多测几个频率点，将数据填入实验表 2.1.5。

6）画出幅频特性曲线。

实际测量时，需要注意以下几点。

①在整个测量过程中，必须保持输入信号幅值不变，输出电压波形不失真。

②测量上限截止频率 f_H 和下限截止频率 f_L，建议用交流毫伏表。先测量中频输出电压，记下 U_{om} 值；增大（或减小）频率，观察交流毫伏表指针下降到 $0.707U_{om}$ 时，即找到对应的 f_H（或 f_L）。

（二）扩展实验内容及步骤

1）按预习中设计好的共集电极放大电路完成连线。

2）调整合适的静态工作点，记录静态参数。

3）测量动态性能，包括电压放大倍数、输入电阻和输出电阻。

七、实验注意事项

1．直流电源、示波器、函数信号发生器、交流毫伏表、万用表及放大电路要共地。

2．由于万用表频带窄，其交流挡只能测量工频（50Hz）交流电的有效值，因此测量有效值应选择频带范围合适的示波器或交流毫伏表。

3．所有动态指标的测量，必须在波形不失真的前提下（用示波器观察），选择合适的仪器，采用正确的方法来完成测量。

2.2　直流线性稳压电源的研究

一、实验目的

1. 理解单相半波整流电路和单相桥式整流电路的工作原理。
2. 理解电容滤波电路和 π 型 RC 滤波电路的工作原理及外特性。
3. 学习三端集成稳压器的使用方法。

二、实验任务（建议学时：2 学时）

（一）基本实验任务

1. 选择二极管组成整流电路，测试单相半波整流电路和单相桥式整流电路的功能。
2. 测量不同容量的电容滤波电路的输出波形和外特性，分析电容滤波性能。
3. 测量 π 型 RC 滤波电路的输出波形，分析其滤波性能。
4. 用三端集成稳压器组成稳压电路，测量其外特性。

（二）扩展实验任务

设计一个可调直流线性稳压电源，其输入为市电（220V/50Hz），最大输出电压为 15V，最大输出电流为 500mA，采用单相桥式整流电路（带电容滤波）和三端集成稳压器（输出电压差为 5V）。

三、基本实验条件

（一）仪器仪表

示波器（GOS-620）	1 个
直流稳压电源（SS1791）	1 个
数字万用表（VC8045-II）	1 个

（二）器材元器件

集成运算放大器	1 个
变压器	1 个

滑线变阻器或电位器（建议：300Ω/2W）	1 个
二极管	4 个
定值电阻	若干
电容（建议：10μF，100μF，220μF）	各 1 个
三端集成稳压器（W7805）	1 个

四、实验原理

（一）基本实验任务

将交流电变换为稳定的直流电，并且调整管始终工作在线性区的电路称为直流线性稳压电源，其结构框图如 2.2.1 所示。

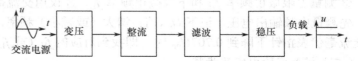

图 2.2.1　直流线性稳压电源的结构框图

电源变压器：将输入的 220V/50Hz 的市电，降压到适合整流电路的电压，同时进行强、弱电隔离。

整流电路：利用二极管的单向导电性，将交流电变成单向脉动的直流电。整流电路的输出电压与变压器二次（副边）电压之间的关系如下。

单相半波整流电路：$U_o=0.45U_2$

单相桥式整流电路：$U_o=0.9U_2$

滤波电路：滤波电路的功能是降低脉动电压的交流成分。常用滤波电路有电容滤波电路、电感滤波电路和 π 型滤波电路。

电容滤波电路简单，滤波效果好，是一种应用最为广泛的滤波电路。采用电容滤波时，其输出电压与变压器二次（副边）电压之间的关系如下。

单相半波整流电容滤波电路：$U_o=U_2$

单相全波整流电容滤波电路：$U_o=1.2U_2$

空载时：$\qquad U_o=1.414U_2$

滤波电容的容量应满足 $R_L C \geqslant \dfrac{(3\sim5)T}{2}$，式中，$R_L$ 为滤波电路的负载电阻，T 是 50Hz 正弦交流电的周期。考虑到电网电压的波动范围为±10%，电容的耐压值应大于 $1.1\sqrt{2}U_2$。滤波电容越大，输出波形脉动的程度越小，输出电压越大，滤波效果越好。但电容滤波的外特性较差，因为当容量 C 一定时，负载电阻 R_L 减小，导致时间常数减小，输出电压平均值 U_o 随之下降。

稳压电路：整流、滤波后，电路的输出电压不够稳定，会随着电源电压的波动或负载的变化而变化。增加一级稳压电路，可以使负载上的直流电压稳定不变。常用稳压电路有稳压管稳压电路、串联稳压电路和集成稳压电路。

三端集成稳压器使用简单，稳压效果好。例如，W7800 系列（输出正电压）和 W7900 系列（输出负电压）。芯片型号最后两位数字为输出电压的稳定值，有 5V、6V、9V、12V、15V、18V、24V 等。固定稳压器使用时要求输入电压与输出电压差值 $U_i-U_o\geqslant2V$。

可调式稳压器有输出正电压的 CW317（LM317）系列和输出负电压的 CW337（LM337）系列。可调式稳压器输出电压 $U_o=1.2\sim37V$，最大输出电流 $I_{omax}=1.5A$，输入电压与输出电压差允许范围 $U_i-U_o=3\sim40V$。

（二）扩展实验任务

直流线性稳压电源的设计步骤如下。

1. 根据直流线性稳压电源的输出电压 U_o 和输出电流 I_o，确定所选用三端集成稳压器的型号及电路形式，查阅芯片说明书，并参

考其典型应用中的电路及参数。电路如图 2.2.2 所示，输出电压的调整范围为：

$$\frac{R_1+R_2+R_3}{R_1+R_2}U_o' \leqslant U_o \leqslant \frac{R_1+R_2+R_3}{R_1}U_o'$$

2. 根据 $R_L C \geqslant \dfrac{(3\sim5)T}{2}$ 确定滤波电容的容量，电容的耐压值应大于 $1.1\sqrt{2}U_2$，选择合适的电容。

3. 由三端集成稳压器的输入电压 U_i 确定变压器二次（副边）电压 U_2，由输出电流 I_o 确定流过二极管的正向平均电流 I_D 和整流二极管的最大反向电压 U_{RM}，根据参数选择二极管。

4. 根据变压器的二次（副边）电压 U_2 和二次（副边）电流 I_2，确定变压器的输出功率 $P_o=U_2I_2$，并考虑电网电压波动情况，选择合适的电源变压器。

需要注意的是，每个环节都需要留有足够的裕量。

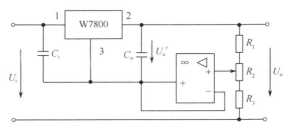

图 2.2.2　直流线性稳压电源

五、实验预习要求

1. 参考图 2.2.3，简述单相桥式整流电路的工作原理。

2. 参考图 2.2.4，简述 π 型 RC 滤波电路的工作原理。

3. 查阅 W7805 芯片说明书，简述该三端集成稳压器的使用方法。

4. 电路如图 2.2.3 所示，将开关 S 闭合，此时电路为单相桥式整流电路，若出现下列现象，试分析产生的结果。

1）VD$_3$ 断开；

2）VD$_3$ 被击穿短路；

3）VD$_3$ 极性接反。

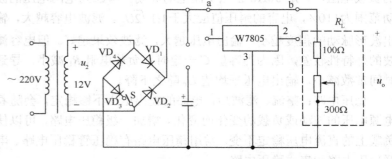

图 2.2.3　整流、滤波、稳压电路

5．完成实验报告中实验内容的预习部分。

六、实验指导

（一）基本实验内容及步骤

1．单相半波整流电路

1）按图 2.2.3 接线，推荐变压器二次（副边）电压 $U_2=12\text{V}$，a 点与 b 点之间用导线直连，将开关 S 断开，即为单相半波整流电路。用万用表的直流挡测量带载电压和空载电压，用示波器观测输出电压波形，将数据填入实验表 2.2.1。

2）按图 2.2.3 接线，a 点与 b 点之间用导线直连，a 点处分别接入不同容量的电解电容（注意极性），则构成单相半波整流滤波电路，观测输出电压波形，将数据填入实验表 2.2.1，并分析其滤波性能。

3）参考图 2.2.4，组成单相半波整流 π 型 RC 滤波电路。滤波电阻 R 上会产生直流压降，建议取值不宜大于 100Ω。观测输出电压波形，将数据填入实验表 2.2.1，并分析其滤波性能。

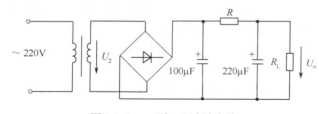

图 2.2.4 π 型 RC 滤波电路

2．单相桥式整流电路

将图 2.2.3 电路中的开关 S 闭合，此时电路为单相桥式整流电路。步骤同上，完成实验表 2.2.1。

3．测量电容滤波电路外特性

将图 2.2.3 电路接成全波整流形式，用 $100\mu\text{F}$ 电容滤波。改变负载电 R_L 的数值，按照实验表 2.2.2 中的参数，测量输出电压，记录数据并绘制外特性曲线。

4．测量稳压电路外特性

将图 2.2.3 电路接成全波整流形式，用 $100\mu\text{F}$ 电容滤波，三端集成稳压器 W7805 芯片的 1 脚与 a 点相连，2 脚与 b 点相连。改变负载电阻 R_L，按照实验表 2.2.3 中的参数，测量输出电压，记录数据并绘制外特性曲线。

（二）扩展实验内容及步骤

1．根据电压源要求，计算输出电压和输出电流范围，选择合适的电路结构，设计电路，选择器件参数。

2．用仿真软件调试电路、调整参数，直至电路性能符合要求。

3．硬件搭建与调试，选择合适的仪器，采用正确的方法测试电路性能，记录数据并绘制外特性曲线。

七、实验注意事项

1．变压器二次（副边）电压 U_2 为交流电压有效值，用万用表的交流挡测量；输出电压 U_o 为平均值，用万用表的直流挡测量。

2．观察不同滤波电路的输出波形时，应固定垂直衰减（VOLTS/DIV）旋钮。

3．在将二极管接入电路之前，一定要测量并判断其好坏和极性。

4．避免将滤波电容的极性接反。

5．勿将三端集成稳压器的引脚接错。

6．对要求加装散热装置的器件，要按照要求加装散热装置。

7．使用时切勿超载。

2.3 集成运算放大器的基本应用

一、实验目的

1. 理解集成运算放大器的基本性质、特点，以及各项性能指标参数的含义。

2. 掌握集成运算放大器的使用和调试方法。

3. 利用集成运算放大器组成基本运算电路，掌握其运算关系及电路的设计方法。

二、实验任务（建议学时：2学时）

（一）基本实验任务

1. 利用集成运算放大器组成比例运算电路，测量其输入与输出的关系。

2. 利用集成运算放大器组成加法运算电路，测量其输入与输出的关系。

3. 利用集成运算放大器组成差动运算电路，测量其输入与输出的关系。

4. 利用集成运算放大器组成积分运算电路，测量其输入与输出的关系。

（二）扩展实验任务

1. 利用集成运算放大器实现 $u_o = u_i$ 的运算电路。

2. 设计一个将矩形波转换成三角波的电路。要求输入矩形波电压峰峰值为 4V，周期为 1ms，积分电路输入电阻大于 10kΩ。

三、基本实验条件

（一）仪器仪表

| 示波器（GOS-620） | 1个 |
| 直流稳压电源（SS1791） | 1个 |

函数信号发生器（EE1420）　　　　　　1个

数字万用表（VC8045-II）　　　　　　　1个

直流信号源　　　　　　　　　　　　　2个

（二）器材元器件

集成运算放大器（建议：μA741、LM324）　各1个

定值电阻器　　　　　　　　　　　　　若干

电容　　　　　　　　　　　　　　　　1个

电位器　　　　　　　　　　　　　　　2个

四、实验原理

（一）基本实验任务

集成运算放大器是一个集成化的高放大倍数的直接耦合放大电器。其接入深度负反馈后可构成各种信号运算电路，如比例、加法、减法、积分、微分等运算电路。

1. 反相比例运算电路

如图 2.3.1 所示，由"虚短""虚断"原理可知，该电路的输出电压 u_o 与输入电压 u_i 间的比例关系为：

$$u_o = -\frac{R_f}{R_1} u_i$$

负号表示 u_o 与 u_i 反相。比例系数可以是大于、等于和小于 1 的任何值。

输入电阻：$r_i = R_1$

输出电阻：$r_o \approx 0$

平衡电阻：$R = R_1 // R_f$

反馈电阻 R_f 的取值不能太大，否则会产生较大的噪声及漂移，一般为几十千欧到几百千欧。R_1 的取值应远大于信号源内阻。

2．同相比例运算电路

如图2.3.2所示，由"虚短""虚断"原理可知，该电路的输出电压u_o与输入电压u_i间的比例关系为：

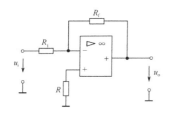 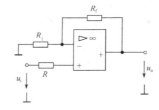

图2.3.1 反相比例运算电路　　图2.3.2 同相比例运算电路

$$u_o = \left(1 + \frac{R_f}{R_1}\right)u_i$$

由此可看出，u_o与u_i同相且u_o大于u_i。

输入电阻：$r_i = R_1 + R + r_{ic}$

（注：其中r_{ic}为运算放大器同相端对地的共模输入电阻，一般为$10^8\Omega$。）

输出电阻：$r_o \approx 0$

平衡电阻：$R = R_1 // R_f$

同相输入运算放大器具有输入阻抗非常高、输出电阻很低的特点，广泛应用于前置放大级。

3．反相加法运算电路

如图2.3.3所示，在反相比例运算电路的基础上增加一条输入支路，便构成了反相加法运算电路。在理想条件下，由于运算放大器反相输入点为"虚地"，因此两路输入电压彼此隔离，各自独立地经输入电阻转换为电流，进行代数和运算，即：当任意一个输入端$u_i = 0$时，在其输入电阻上没有压降，故不影响其他信号的比例求和运算。总输出电压为：

$$u_o = -\left(\frac{R_f}{R_1}u_{i1} + \frac{R_f}{R_2}u_{i2}\right)$$

若$R_1 = R_2 = R_f$，则$u_o = -(u_{i1} + u_{i2})$。

4．差动运算电路

如图2.3.4所示，当运算放大器的两个输入端分别输入信号u_{i1}、u_{i2}时，输出电压与各输入端电压的关系为：

$$u_o = -\frac{R_f}{R_1}u_{i1} + \left(1 + \frac{R_f}{R_1}\right)\left(\frac{R}{R + R_2}\right)u_{i2}$$

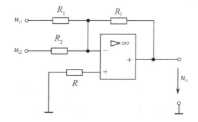 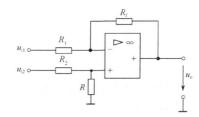

图2.3.3 反相加法运算电路　　图2.3.4 差动运算电路

当$R_2 = R_1$，$R = R_f$时：

$$u_o = (u_{i2} - u_{i1})\frac{R_f}{R_1}$$

当$R_1 = R_2 = R = R_f$时，$u_o = u_{i2} - u_{i1}$，实现了减法运算。该电路常用于将差动输入转换为单端输出，广泛应用于放大具有强烈共模干扰的微弱信号。要实现精确的减法运算，必须严格选配电阻R_1、R_2、R和R_f。

5．积分运算电路

如图 2.3.5 所示，由"虚地"和"虚断"原理，并忽略运算放大器的偏置电流 I_B 可得

$$u_o = -\frac{1}{R_1 C_f} \int u_i \mathrm{d}t$$

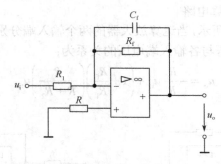

图 2.3.5　积分运算电路

即：输出电压与输入电压成积分关系。为使偏置电流引起的失调电压最小，应取 $R = R_1 // R_f$。R_f 称为分流电阻，用于稳定直流增益，以避免直流失调电压在积分周期内积累导致运算放大器饱和，一般取 $R_f = 10R_1$。

（二）扩展实验任务

1．实现 $u_o = u_i$ 的运算电路。

该电路是比例系数为 1 的同相比例运算电路，所以常被称为电压跟随器。根据同相比例运算电路输入和输出之间的关系式 $u_o = (1 + R_f/R_1)u_i$，只需选择反馈电阻 $R_f = 0$（短接）或 $R_1 = \infty$（开路）即可。

2．设计一个将矩形波转换成三角波的电路。

积分电路能够将矩形波转换成三角波。其工作过程是：当积分

电路输入矩形波时，在矩形波高电平期间，电容恒流充电，输出电压线性下降；在矩形波低电平期间，由于电容上的电压不能突变，电容在原电压基础上先放电后充电，电流恒定，输出电压线性上升，因此形成三角波。

五、实验预习要求

1．查阅集成运算放大器说明书（如μA741、LM324），画出芯片引脚图，并注明每个引脚的名称。

2．如何判断运算放大器的好坏？

3．如何进行运算放大器的调零？

4．如何使双路直流稳压电源同时输出±15V？

5．平衡电阻的作用是什么？积分电路中分流电阻 R_F 的作用是什么？

6．完成实验报告中实验内容的预习部分。

六、实验指导

（一）基本实验内容及步骤

1．检查集成运算放大器的好坏。

2．反相比例运算电路

按图 2.3.1 电路接成反相比例运算电路，取 R_f=100kΩ，R_1=R=10kΩ。将输入端接地（u_i=0）,调整调零电位器，使 u_o=0。输入接直流信号源，改变输入电压的大小，测量输入、输出电压，填入实验表 2.3.1，并与理论值进行比较。

3．同相比例运算电路

按图 2.3.2 电路接成同相比例运算电路，取 R_f=100kΩ，R_1=R=10kΩ。输入接直流信号源，改变输入电压的大小，测量输入、输出电压，填入实验表 2.3.2，并与理论值进行比较。

4．反相加法运算电路

按图 2.3.3 电路接成反相加法运算电路，取 R_f=100kΩ，R_1=R_2=10kΩ，R=5.1kΩ。

1）调零后，输入 u_{i1}=0.1V，u_{i2}=-0.5V（直流信号），测量 u_o，并与理论值进行比较。

2）输入 u_{i1}=0.2 V，U_{i2}(有效值)=0.1V、频率 f=500Hz 的正弦波信号，观测输出电压 u_o 的波形。注意：示波器必须采用直流耦合方式，提前估算信号大小，把零电平调在合适的位置，使输出波形能够完整显示。

5．差动运算电路

按图 2.3.4 电路接成差动运算电路，取 R_f=R=100kΩ，R_1=R_2=10kΩ。调零后，输入 u_{i1}=0.1V，u_{i2}=-0.5V(直流信号)，测量 u_o，并与理论值进行比较。

6．积分运算电路

按图 2.3.5 所示电路接成积分运算电路，取 R_f=100kΩ，R_1=R=10kΩ，C_f=0.1μF。

1）方波积分

调零后，推荐输入 V_{iPP}(峰峰值)=1V，f=500Hz 的方波信号，观测输入、输出电压波形，填入实验表 2.3.3。

2）正弦波积分

推荐输入 V_{iPP}(峰峰值)=1V，f=500Hz 的正弦波，观测输入、输出电压波形，填入实验表 2.3.3。测量相位差，分析输入、输出波形的超前滞后关系。

（二）扩展实验内容及步骤

1．实现 u_o=u_i 的运算电路

按照预习中设计好的电路进行连接与调试，设计合适的数据表格，测试电路性能是否满足要求。

2．设计一个将矩形波转换成三角波的电路

按照预习中设计好的电路进行连接与调试，记录输入、输出波形，测试电路性能是否满足要求。

七、实验注意事项

1．集成运算放大器是有源器件，需要±15V 供电。应正确操作稳压电源，在正电源的负极和负电源的正极相连后，要与实验电路的接地端相连。

2．集成运算放大器输出端不能接地。

3．u_i=0 是指将运算电路的输入端接地，不能将信号源的输出端接地！

4．测量任何电压时，数字电压表的黑表笔应始终接实验电路的接地端。

2.4　集成运算放大器的线性应用

一、实验目的

1．进一步理解集成运算放大器线性应用电路的结构和特点。

2．学习电子电路的设计方法，学会先用仿真软件进行电路性能仿真和优化设计，再进行实际电路的搭建与调试。

3．学习集成运算放大器线性应用电路的设计及测试方法。

二、实验任务（建议学时：2 学时）

（一）基本实验任务

根据下列要求，用集成运算放大器设计电路、选择参数，并进行连接测试。

1．$u_o=10u_i$，输入电阻 $r_i>1\mathrm{M}\Omega$。

2．$u_o=2u_{i1}-10u_{i2}-5u_{i3}$。

3．$u_o = -(u_i + 1000\int u_i \mathrm{d}t)$（建议 $C_f=0.01\mathrm{\mu F}$）。

（二）扩展实验任务

1．用集成运算放大器构成一个输出电压连续可调的恒压源，要求用一个集成运算放大器实现。

2．用集成运算放大器构成一个恒流源，要求用一个集成运算放大器实现。

三、基本实验条件

（一）仪器仪表

示波器（GOS-620）	1 个
直流稳压电源（SS1791）	1 个
函数信号发生器（EE1420）	1 个
数字万用表（VC8045-II）	1 个
直流信号源	2 个

（二）器材元器件

集成运算放大器（建议：LM324）	1 个
定值电阻	若干
电位器	2 个
电容	1 个

四、实验原理

集成运算放大器是高放大倍数的直流放大器。将其接成闭环状态（即接入深度负反馈）时，其输入、输出在一定范围内为线性关系，称为集成运算放大器的线性应用。集成运算放大器线性应用时，选择合理的电路结构和外接器件，可构成各种信号运算电路，以实现信号调理等功能电路。

设计由集成运算放大器构成的电路时，应首先根据要求选定电路结构，再根据电路中输入和输出的关系，确定各器件的实际参数。

选择电阻参数时，要注意根据集成运算放大器的电流量级确定电阻的大小，一般在 $\mathrm{k}\Omega$ 量级。

电子电路设计的一般步骤如下。

①设计满足要求的电路原理图，并计算器件参数。

②用仿真软件对所设计的电路进行调试。

③设计测量方案，调试电路，记录数据，最终使电路性能满足要求。

五、实验预习要求

1．什么是"虚短""虚断""虚地"现象？

2. 反相比例运算电路和同相比例运算电路相比，各自有哪些优缺点？

3. 电压串联负反馈和电压并联负反馈各自的特点是什么？各在什么情况下被采用？

4. 反相求和电路与同相求和电路相比，各自有哪些优缺点？

5．完成实验报告中实验内容的预习部分。

六、实验指导

（一）基本实验内容及步骤

1．检查集成运算放大器的好坏。

2．设计电路满足 $u_o=10u_i$，输入电阻 $r_i>1\text{M}\Omega$。

按照预习中设计好的电路进行连接，调零后，输入合适的信号，测量输入和输出关系。此外，推荐采用换算法测量输入电阻，具体方法同基本放大电路中输入电阻的测量方法。

3．设计电路满足 $u_o=2u_{i1}-10u_{i2}-5u_{i3}$。

既可用单集成运算放大器实现，也可用双集成运算放大器实现，但每个集成运算放大器必须工作在线性区。提前估算输入信号与放大电路增益的关系，不可使运算放大器进入饱和区。按照预习中设计好的电路进行连接，调零后，输入合适的信号，测量输入和输出关系。

4．设计电路满足 $u_o=-(u_i+1000\int u_i\mathrm{d}t)$。

比例积分电路（PI 控制器）是一种十分常用的线性控制电路，用于具有大惯性、大滞后特性的被控对象，如锅炉温度控制、风力发电机功率控制等。按照预习中设计好的电路进行连接，调零后，输入合适的信号，测量输入和输出波形图。注意分流电阻 R_f 的作用。

（二）扩展实验内容及步骤

1．可调恒压源

恒压源是指无论负载如何变化，输出电压恒定不变的电压源。要使电路具有稳定输出电压的特性，应引入电压型负反馈。输入端的设计要考虑电路精度，以及平衡电阻的选取问题。

按照预习中设计好的电路进行连接，调零后，输入合适信号。

测量数据要能够反映可调和恒压两大特点。

2．恒流源

恒流源是指无论负载如何变化，输出电流恒定不变的电流源。要使电路具有稳定输出电流的特性，应引入电流型负反馈。按照预习中设计好的电路进行连接，调零后，输入合适的信号。可用测量定值电阻两端电压的办法代替直接测电流。

七、实验注意事项

1．尽量选择实验室中已有的器件参数进行设计。

2．所设计的电路应尽可能简单，所用器件个数少、种类少，便于调试。

3．设计合理的测量方案，包括测量仪器，以及能够表征电路性能的指标参数。

2.5 集成运算放大器的非线性应用

一、实验目的

1. 理解基本电压比较器、滞回电压比较器的特性及调试方法。

2. 学习电压比较器传输特性的测量方法，观察电压比较器的信号处理过程。

3. 进一步了解集成运算放大器开环及引入正反馈时的应用特点。

二、实验任务（建议学时：4 学时）

（一）基本实验任务

1. 设计一个过零电压比较器，将高于零电平的模拟信号转变为数字高电平输出，将低于零电平的模拟信号转变为数字低电平输出。

2. 设计一个滞回电压比较器。

3. 用集成运算放大器构成一个既能产生矩形波又能产生三角波的电路（建议选用 0.01μF 电容）。

（二）扩展实验任务

设计一个 RC 正弦波振荡电路，振荡频率 f_0=500Hz。

三、基本实验条件

（一）仪器仪表

示波器（GOS-620）	1 个
直流稳压电源（SS1791）	1 个
函数信号发生器（EE1420）	1 个
数字万用表（VC8045-II）	1 个

（二）器材元器件

集成运算放大器（建议：LM324）	1 个
定值电阻器	若干
电容	1 个
双向稳压管（建议：±6V）	1 个
二极管	2 个
100kΩ电位器	2 个

四、实验原理

（一）基本实验任务

电压比较器是一种常见的信号幅度处理电路，在电平检测、越限报警、波形整形、信号产生及模数转换等方面均有广泛应用。

电压比较器的功能是，能够将一个输入信号与一个参考电压进行比较，并用输出电平的高、低表示比较结果。电压比较器的特点是，集成运算放大器工作在开环或正反馈状态下，输入和输出之间呈现非线性传输特性。

基本电压比较器只有一个阈值电压（比较电压），根据比较电压接入的输入端不同，其传输特性不同。基本电压比较器抗干扰能力较差。如图 2.5.1（a）所示的过零电压比较器就是典型的一种。其参考电压 $U_R=U_+=0$，当 $u_i>0$ 时，输出为正饱和值；当 $u_i<0$ 时，输出为负饱和值。其理想传输特性曲线如图 2.5.1（b）所示。图 2.5.1（a）中的二极管起到保护运算放大器输入端的作用。

滞回电压比较器的特点是具有两个阈值电压。当输入电压逐渐由小增大或由大减小时，阈值电压是不同的。滞回电压比较器具有很好的抗干扰能力。如图 2.5.2（a）所示，电路通过 R_1、R_2 引入正反馈，双向稳压管将输出电压限制在±U_Z 上，比较器输出的高电平为+U_Z，输出的低电平为-U_Z，则上、下限门限电压为：

$$U_{+H} = \frac{R_1}{R_1 + R_2} U_Z, \quad U_{+L} = -\frac{R_1}{R_1 + R_2} U_Z$$

其传输特性曲线如图 2.5.2（b）所示。

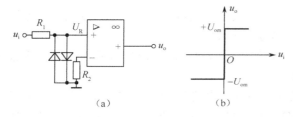

图 2.5.1　过零电压比较器

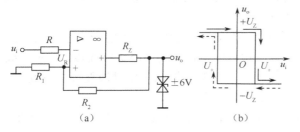

图 2.5.2　滞回电压比较器

（二）扩展实验任务

当集成运算放大器开环或接入正反馈时，其传输特性为非线性。此时的集成运算放大器工作在非线性状态下，称为集成运算放大器的非线性应用。集成运算放大器非线性应用时，选择合理的电路结构和外接器件，可构成各种电压比较器和信号产生电路。

五、实验预习要求

1. 参考图 2.5.2，复习滞回电压比较器的工作原理。若要提高回差电压，增强抗干扰能力，应如何调整电路？

2. 分析矩形波发生器的工作原理。

3．根据图 2.5.3，分析能够自动起振的文氏桥振荡电路的工作原理。

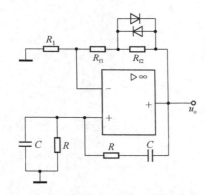

图 2.5.3 能够自起振的文氏桥振荡电路

4．完成实验报告中实验内容的预习部分。

六、实验指导

（一）基本实验内容及步骤

1．检查集成运算放大器的好坏。

2．设计过零电压比较器。按图 2.5.1 接成过零电压比较器，取 $R_1=R_2=10\text{k}\Omega$。输入 V_{iPP}(峰峰值)=2V，f=1kHz 正弦波信号，用示波器观察输入和输出波形，以及传输特性曲线，将数据填入实验表 2.5.1。

3．设计滞回电压比较器。按图 2.5.2 接成滞回电压比较器，取 $R_1=R=10\text{k}\Omega$，$R_2=100\text{k}\Omega$，$R_Z=1\text{k}\Omega$。输入 V_{iPP}(峰峰值)=2V，f=1kHz 三角波信号，用示波器观察输入、输出波形，以及传输特性曲线，将数据填入实验表 2.5.1。

4．用集成运算放大器构成一个既能产生矩形波又能产生三角波的电路。按照预习中设计好的电路进行连接，记录各级输出电压波形。试分析，若要调幅、调频，可以调整哪些参数。

（二）扩展实验内容及步骤

设计一个 RC 正弦波振荡电路，振荡频率 f_0=500Hz。

根据文氏桥振荡电路，$f_0=\dfrac{1}{2\pi RC}$，计算 R 与 C 的取值。为了起振，$R_{f1}+R_{f2}>2R_1$。按照预习中设计好的电路进行连接，记录输出波形图。

七、实验注意事项

1．运算放大器接入±15V 电源，即：正电源的负极和负电源的正极连接后，与实验电路的接地端相连。

2．集成运算放大器输出端不能接地。

3．u_i=0 是指将运算电路的输入端接地，不能将信号源的输出端接地！

4．尽量选择实验室中已有的元器件参数。

5．事先设计好测量用表格，选择好测量仪器。

2.6 模拟电路综合应用——函数信号发生器

一、实验目的

1. 掌握模拟电路的设计和调试方法。
2. 将模拟电路各部分内容融会贯通，并综合应用。
3. 通过对一个完整电子系统进行设计、组装与调试，学习电子系统的基本设计方法，培养调试技能和解决实际问题的能力。

二、实验任务（建议学时：4学时）

设计一个简易的函数信号发生器，要求：

1）能产生正弦波、矩形波、三角波、锯齿波。

2）各信号频率均连续可调，范围为100～500Hz，能够用数码管实时显示当前波形的频率值。

3）输出电压：正弦波 $1V \leqslant V_{PP} \leqslant 3V$，矩形波 $6V \leqslant V_{PP} \leqslant 12V$，三角波 $6V \leqslant V_{PP} \leqslant 12V$，锯齿波 $6V \leqslant V_{PP} \leqslant 12V$。

4）矩形波占空比连续可调，范围为30%～60%。

5）带负载能力为50Ω，5V。

三、基本实验条件

（一）仪器仪表

示波器（GOS-620）	1个
直流稳压电源（SS1791）	1个
函数信号发生器（EE1420）	1个
数字万用表（VC8045-II）	1个

（二）器材元器件

集成电路：集成运算放大器、计数器、寄存器、门电路、555定时器若干。

二极管、双向稳压管、电位器、电阻、电容若干。

四、实验原理

1. 系统简要框图（见图2.6.1）

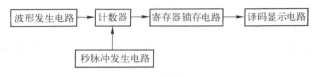

图2.6.1 系统简要框图

2. 单元电路

1）波形发生电路

在模拟电路或数字电路中，能产生方波信号的电路很多，例如，由集成运算放大器组成的滞回电压比较器、由门电路或555定时器组成的多谐振荡器。而方波信号经积分电路就可以方便地形成三角波或锯齿波信号。一个典型的电路是由两个集成运算放大器构成的方波—三角波发生器。

正弦波信号的产生可以采用波形变换的方式，利用低通滤波器或比例系数可调的比例运算电路将三角波信号转换为正弦波信号，也可以用正弦波振荡器产生。

*2）计数器

计数器是在数字电路中广泛使用的功能器件。无论是TTL还是CMOS集成电路，都有品种齐全的计数器。例如，使用74LS90、74LS290、74LS161、74LS163等，都可以方便地构成三位十进制计数器，对函数信号发生器产生的方波信号进行计数。

此部分电路设计时应注意以下两点。

① 不同的计数器模块，其清零方式可能不同。

② 不同的计数器模块，其触发方式可能不同，应特别注意进位线的连接方式。

*3）寄存器锁存电路

用三个寄存器（如 74LS139 芯片）组成三位 BCD 码锁存电路，保证数码管能够稳定显示最终的计数结果。

*4）译码显示电路

译码器可采用 74LS47 或 74LS48，数码管可采用共阴极七段显示器 BS205。

*5）秒脉冲发生电路

可以用 555 定时器实现一个秒脉冲发生电路。

五、实验预习要求

1. 查阅资料，计数器在本实验中的作用是什么？应选择哪种芯片？如何使用？

2. 寄存器的作用是什么？在本实验中应选择哪种芯片？如何使用？

3. 译码显示电路的作用是什么？在本实验中应选择哪种芯片？如何使用？

4. 如何用 555 定时器组成秒脉冲发生电路？

5．完成实验报告中实验内容的预习部分。

六、实验指导

1．为解决波形发生电路输出的方波信号与计数器的输入信号的匹配问题，要考虑设计合适的电平转换电路。

2．负载能力是指在 50Ω 负载下，若要得到 5V 的电压，那么输出级的输出电流应为 100mA。所以设计输出级时要考虑输出级的负载驱动能力。调整幅度时，如果采用手动电位器调节，最好在调幅级与负载之间加缓冲级。

七、实验注意事项

1．仔细查阅所用芯片说明书，尤其是引脚图、功能表、时序图及典型电路图等。

2．调试复杂电路应分模块进行，先将单元模块电路分别调试好，再将各部分连接起来，系统联调。

3．调试中遇到的问题，应随时做好记录。

4．实验过程中，秉承"先连线，后上电；先断电，后拆线"的原则，严禁带电操作。

八、实验报告要求

本实验为综合性实验，需要写一份类似于论文的设计报告，包括以下内容。

1．报告名称

2．中文摘要

3．设计内容及要

4．系统设计与方案论证，画出系统框图

主要介绍系统设计思路与总体方案的可行性论证，以及关键模块的方案比较与选择等。要求提出 2～3 种方案进行分析与比较。

给出系统总体方框图，说明系统的工作原理或工作过程及各功能模块的划分与组成关系。

5．单元电路设计

在单元电路设计中，对已确定的各单元电路的工作原理进行介绍，对各单元电路进行分析和设计，并对电路中的有关参数进行计算，然后进行器件的选择等，画出每个环节的工作波形，并标明参数。

6．系统测量

设计测量方案包含使用的主要仪器和仪表、测量方法、测量数据和波形。将实际测量值与理论值进行比较，给出测量结论，分析设计电路和方案的优缺点，提出改进意见和展望。

7．器件清单

列出使用的所有器件的名称、型号规格和数量等。

8．收获与体会

总结实验过程中发现的问题，包括错误操作、出现的故障、说明现象、写出查找原因的过程和解决问题的措施，以及在处理问题过程中获得的经验与教训，最后总结实验的收获和体会。

9．参考文献

注意参考文献的书写格式，可参考教材后面参考文献的写法。

第3章 数字电子技术实验

3.1 集成门电路的逻辑变换及应用

一、实验目的

1. 熟悉数字逻辑实验箱和示波器的使用方法。

2. 掌握集成与非门的逻辑功能和使用方法，理解门电路对数字信号传输的控制作用。

3. 学习查阅集成门电路手册，熟悉集成与非门的外形和引脚。

二、实验任务（建议学时：2学时）

（一）基本实验任务

1. 用集成与非门构成其他逻辑门。

2. 用集成与非门构成控制门。

（二）扩展实验任务

利用集成与非门，设计并实现一个三人抢答电路。

三、基本实验条件

（一）仪器仪表

数字逻辑实验箱（Dais-D2H⁺）　1个

示波器（GOS-620）　　　　　　 1个

数字万用表（VC8045-II）　　　 1个

（二）器材元器件

二输入4与非门（74LS00）　　 2个

三输入3与非门（74LS10）　　 1个

四、实验原理

（一）基本实验任务

集成与非门（简称与非门）是一种应用最为广泛的基本逻辑门电路。本实验使用的与非门为 TTL 系列双列直插式的 74LS00 和

74LS10。双列直插式芯片的引脚判别方法是：芯片的一端有一个内凹的缺口，如果缺口向左，引脚分成上、下两排，则下排最左边为引脚1（有的芯片上加"·"标注），按逆时针方向编号依次增大，上排最左边为编号最大的引脚。

如图 3.1.1 所示，74LS00 是二输入4与非门，一个芯片上有4个二输入端与非门，各与非门相互独立，但是工作电源和地是公共的。其他常用集成门电路引脚排列可查阅相关手册。

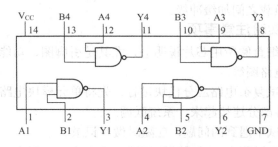

图 3.1.1　74LS00 的引脚排列

1. 用与非门构成其他逻辑门

利用逻辑代数的基本运算法则，可以用与非门的逻辑关系实现"与""非""或""或非""异或""同或"等逻辑运算，即：可以用与非门组成其他逻辑门。

在数字电路中，与非门经常被用作非门。如图 3.1.2 所示，只使用一个输入信号 A，其余输入端悬空（仅适用于 TTL 逻辑门，悬空相当于接 1），可以实现非门的功能；或者将多个输入端并在一起接输入信号 A，也可实现非门的功能。

2. 用与非门构成控制门

用与非门构成控制门，可以实现对数字信号的控制作用。如图

3.1.3 所示，A 为控制端，B 为信号输入端。当 A=0 时，门电路处于关闭状态，输出端 F=1，B 信号被封锁。当 A=1 时，门电路处于开放状态，输出端 $F=\overline{B}$，B 信号被成功传输。

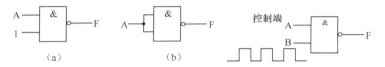

图 3.1.2 用与非门构成非门　　图 3.1.3 用与非门构成控制门

常用逻辑门的逻辑表达式、逻辑符号、逻辑功能见表 3.1.1。

表 3.1.1　常用逻辑门

逻辑门	逻辑表达式	逻辑符号		逻辑功能
		国标	美标	
与非门	$F=\overline{AB}$			有 0 出 1 全 1 出 0
与门	$F=AB$			有 0 出 0 全 1 出 1
或门	$F=A+B$			有 1 出 1 全 0 出 0
或非门	$F=\overline{A+B}$			有 1 出 0 全 0 出 1
异或门	$F=\overline{A}B+A\overline{B}$			相异出 1 相同出 0
同或门	$F=AB+\overline{A}\,\overline{B}$			相同出 1 相异出 0

（二）拓展实验任务

用与非门构成三人抢答电路如图 3.1.4 所示。其工作原理是，S1～S3 由三位抢答者控制。无人抢答时，开关处于 0 状态，对应的每个与非门的输出均为 1，其余两个与非门不受影响。当任意一位抢答者取得抢答权（即对应的开关处于 1 状态）时，对应的与非门输出为 0，将其余的两个与非门封锁，令其开关在输出为 1 时不起作用。

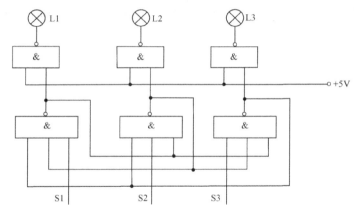

图 3.1.4 用与非门构成三人抢答电路

五、实验预习要求

1．预习实验原理和实验指导，回答以下问题。

1）在实验箱的 IC 座上安装双列直插式芯片时，芯片的缺口应向＿＿＿＿＿放置；此时下排最左边的引脚是＿＿＿号引脚，按时针方向编号依次＿＿＿＿。

2）连接电路时，首先将芯片的＿＿＿＿和＿＿＿＿接好。

2. 查阅集成门电路的引脚图和功能表,熟悉 74LS00 及 74LS10 的引脚排列,注明每个引脚的名称。

3. 简述检测 74LS10 逻辑功能的步骤。

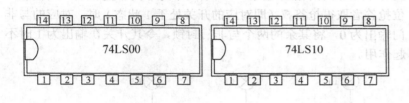

4．复习示波器的使用方法，回答以下问题。

1）使用示波器观察信号时，第一步需要进行_____操作，以检测所用的连接电缆和示波器通道的好坏。

2）本实验中，示波器的输入信号耦合方式应选择_____。

5．完成实验报告中实验内容的预习部分。

五、实验指导

（一）基本实验内容及步骤

1．测试与非门的功能。

1）仔细观察 74LS00，将芯片缺口向左，正确安装在实验箱的 IC 座上。仔细核对芯片各引脚的功能，不要接错。

2）与非门逻辑功能的测试。

一个 74LS00 上有 4 个相同的二输入与非门。首先应使用万用表检查导线、逻辑电平开关、发光二极管等测试工具的好坏，然后按照引脚图正确连接芯片的电源与地。任选芯片中的一个逻辑门，将输入端接逻辑电平开关，输出端接发光二极管。改变输入端逻辑电平开关的状态，按照与非门的逻辑功能表检查其输出是否符合与非逻辑关系。若符合，则说明该与非门功能正常。采用相同的方法依次检查芯片上的其他三个与非门，将已损坏的门标记出来，避免在实验中使用。74LS10 的测试方法同 74LS00，请自行设计，并完成所有门的测试。

2．用与非门构成其他逻辑门。

检查所需与非门的功能是否正常，按照预习中设计的电路图接线，用与非门构成其他逻辑门，将数据填入实验表 3.1.2。

3．用与非门构成控制门。

检查所需与非门的功能是否正常，按照图 3.1.3 接线，用与非门构成控制门。A 为控制端，接逻辑电平开关。B 为信号输入端，

接时钟脉冲信号源（推荐 1kHz 输出，也可用函数信号发生器作为信号源）。在 A=1 和 A=0 两种情况下，用示波器同时观测信号输入端 B 和输出端 F 的波形，将数据填入实验表 3.1.2，并分析该控制门的功能。

（二）扩展实验内容及步骤

用与非门构成三人抢答电路。

检查所需与非门的功能是否正常，参考图 3.1.4，S1～S3 由逻辑电平开关输入，L1～L3 由逻辑电平指示的发光二极管输出。记录测量结果，分析是否满足三人抢答电路的逻辑功能。

六、实验注意事项

1．在进行电路连接前，应检查所用芯片、导线、实验箱及其他测试工具的好坏。

2．芯片输出端不允许并联使用，输出端不能直接与电源或地相连。

3．在实验过程中，秉承"先连线，后上电；先断电，后拆线"的原则，严禁带电操作。

3.2 SSI 组合逻辑电路的设计

一、实验目的

1. 掌握 SSI 组合逻辑电路的基本设计方法。

2. 掌握组合逻辑电路的调试方法，学会排除一般数字电路故障。

3. 了解组合逻辑电路的竞争-冒险现象。

二、实验任务（建议学时：2 学时）

（一）基本实验任务

1. 设计一个三人无弃权表决电路。电路功能：三人无弃权表决，少数服从多数。

2. 设计一个实现双控开关功能的逻辑电路。电路功能：安装在异地的开关 A 和 B 均可控制电灯 Y。双控开关的接线图如图 3.2.1 所示。其中，A、B 是安装在两地的单刀双掷开关。

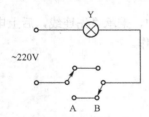

图 3.2.1　双控开关接线图

（二）扩展实验任务

1. 设计一个列车发车信号控制电路。电路功能：列车分高铁、动车和特快，发车优先顺序为高铁→动车→特快。电路在同一时间内只给具有优先权的列车发出开车信号。

2. 设计一个水库泄洪控制系统。电路功能：某水库由高到低有 A、B、C 三个液位传感器，根据液位高低来控制大小两个泄洪闸的开关。

三、基本实验条件

（一）仪器仪表

数字逻辑实验箱（Dais-D2H$^+$）　1 个

数字万用表（VC8045-II）　　　1 个

（二）器材元器件

二输入 4 与非门（74LS00）　　若干

三输入 3 与非门（74LS10）　　若干

四、实验原理

组合逻辑电路是最常用的逻辑电路。其特点是：在任何时刻，电路的输出信号仅取决于该时刻的输入信号，而与信号作用前电路原来所处的状态无关。用 SSI（Small-Scale Integration）进行组合逻辑电路设计与调试的一般步骤如图 3.2.2 所示。

1）针对实际问题进行逻辑抽象，定义输入与输出逻辑变量，列出真值表，得到逻辑表达式。

2）根据器件情况，利用逻辑运算法则或卡诺图进行化简或变换，得到符合要求（一般为与非关系）的逻辑表达式。

3）由化简后的逻辑表达式得出逻辑电路图，并根据器件引脚画出实际电路连线图。

4）对实际电路进行逻辑检测。若检测结果不符合逻辑关系，则需要对上述各环节进行故障排查，最终实现设计要求的逻辑功能。

SSI 组合逻辑电路设计的关键在于模型的建立，即对实际问题的逻辑抽象，合理定义输入逻辑变量和输出逻辑变量。在定义时，应注意以下几点：

1）只有具有二值性的命题，才能定义为输入或输出逻辑变量。

2）根据实际情况选择正逻辑或负逻辑，把逻辑变量取 1 的含义表达清楚。

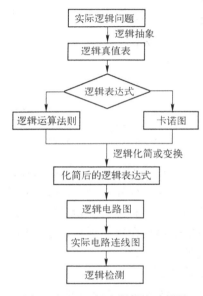

图 3.2.2　SSI 组合逻辑电路设计

组合逻辑电路的设计过程通常是在理想情况下进行的，即假定一切逻辑器件都无延迟效应。但事实并非如此，信号通过任何导线和器件都存在一个响应时间。由于工艺的不同，各器件的延迟时间离散性很大，按照理想情况设计的逻辑电路，在实际工作中有可能会产生错误的输出。对于组合逻辑电路，在输入信号发生变化时，输出信号出现瞬时错误的现象，称为组合逻辑电路的冒险现象。冒险现象直接影响数字设备的可靠性和稳定性，要设法消除。

SSI 组合逻辑电路设计的案例如下。

某驾校培训班准备进行结业考试，考官包含一名主评判员和两名副评判员。评判时按少数服从多数原则，但主评判认为合格，也可通过。试用与非门构成逻辑电路，以实现该评判要求。

设计步骤如下。

1）首先进行逻辑抽象。取三名评判员的评判意见为输入变量，A 表示主评判员，B、C 表示副评判员，并规定评判合格为 1，不合格为 0。取评判结果为输出变量，用 Y 表示，并规定通过为 1，不通过为 0。根据题意可列出真值表，见表 3.2.1。

表 3.2.1　逻辑真值表

输　入			输　出
A	B	C	Y
0	0	0	0
0	0	1	0
0	1	0	0
0	1	1	1
1	0	0	1
1	0	1	1
1	1	0	1
1	1	1	1

2）写出逻辑表达式：

$$Y=\overline{A}BC+A\overline{B}\,\overline{C}+A\overline{B}C+AB\overline{C}+ABC$$

3）题目要求使用与非门实现，可先用卡诺图化简，再将逻辑表达式变换为与非式，如图 3.2.3 所示。

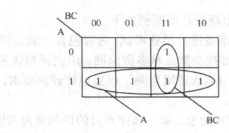

图 3.2.3　Y 的卡诺图

化简结果为：

$$Y=A+BC=\overline{\overline{A+BC}}=\overline{\overline{A}\cdot\overline{BC}}$$

4）根据化简结果，选用与非门得到如图 3.2.4 所示的逻辑电路图。

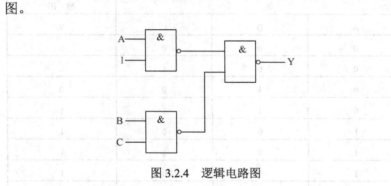

图 3.2.4　逻辑电路图

5）画出实际电路连线图。由逻辑电路图可以看出，需要三个二输入与非门，即选择一个 74LS00 即可。74LS00 的引脚排列如图 3.1.1 所示。根据逻辑电路图，得到实际电路连线图如图 3.2.5 所示。

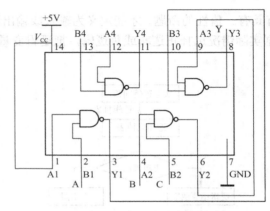

图 3.2.5　实际电路连线图

6）实验验证。至此，已完成基本的逻辑设计任务，但电路是否正确、稳定可靠，需要进行静态测试，即按真值表依次改变输入变量，测试相应的输出值，验证其逻辑功能。如果有条件，还需要进行动态测试，观察是否存在冒险现象，对于影响电路正常工作的冒险现象应采取措施加以消除。

五、实验预习要求

1. 归纳 SSI 组合逻辑电路的设计步骤。

2．完成实验报告中实验内容的预习部分。

六、实验指导

（一）基本实验内容及步骤

1．设计一个三人无弃权表决电路。

电路功能：实现三人无弃权表决，当同意的人数为两人以上时，通过；否则不通过。

用最少的与非门（74LS00，74LS10）完成设计。输入端接三个逻辑电平开关：同意，逻辑变量为1，开关置高电平；不同意，逻辑变量为0，开关置低电平。输出端接发光二极管：通过，输出为1，发光二极管亮；否则，发光二极管不亮。调试实际电路，画出状态表，将数据填入实验表3.2.1。

2．设计一个实现双控开关功能的逻辑电路。

电路功能：安装在异地的开关A和B均可控制电灯Y。

用最少的与非门（74LS00）完成设计。输入端接2个逻辑电平开关：向上扳开关，变量为1，向下扳开关，变量为0。输出端接发光二极管：电灯点亮，电路输出1，发光二极管亮；否则，不亮。调试实际电路，画出状态表，将数据填入实验表3.2.2。

（二）扩展实验内容及步骤

1．设计一个列车发车信号控制电路。

电路功能：列车分高铁、动车和特快，发车优先顺序为高铁→动车→特快。电路在同一时间内只给具有优先权的列车发出开车信号。

用最少的与非门（74LS00，74LS10）完成设计。高铁、动车、特快的到达与否以逻辑电平开关A、B、C表示，到达为1，未到达为0。发车信号用三个发光二极管 L_1、L_2、L_3 的状态来表示，高铁发车信号为 L_1 亮，动车发车信号为 L_2 亮，特快发车信号为 L_3 亮。调试实际电路，画出状态表，结果填入实验表3.2.3。

2．设计一个水库泄洪控制系统。

电路功能：某水库由高到低有A、B、C三个液位传感器，根据液位高低来控制大小两个泄洪闸的开关。

用最少的与非门（74LS00）完成设计。输入变量为A、B、C三个液位传感器，水位高于液位传感器时，传感器输出1，否则为0。输出变量为大小两个泄洪闸的开关，开启为1，否则为0。当水位高于传感器A时，需要同时开启大泄洪闸和小泄洪闸；当水位高于传感器B且低于传感器A时，仅需开启大泄洪闸；当水位高于传感器C且低于传感器B时，仅需开启小泄洪闸；当水位低于传感器C时，大小泄洪闸均关闭。

七、实验注意事项

1．为避免干扰，电路中多余的输入端最好不要悬空。

2．注意芯片输出端所接负载不能超过规定的扇出系数。

3．若出现故障，进行排查时，建议先用万用表检查芯片的电源和地的电压是否正确，再依次检查芯片其他引脚的状态。

4．在实验过程中，秉承"先连线，后上电；先断电，后拆线"的原则，严禁带电操作。

3.3 双稳态触发器的应用

一、实验目的

1．掌握 JK 触发器和 D 触发器的逻辑功能和使用方法。
2．掌握用触发器构成计数器的原理和方法。
3．理解译码显示电路的工作原理和应用方法。

二、实验任务（建议学时：2 学时）

（一）基本实验任务

1．测试 JK 触发器和 D 触发器的逻辑功能。
2．将 JK 触发器转换成 D 触发器。
3．用 D 触发器组成三位异步二进制加法计数器。

（二）扩展实验任务

用 JK 触发器组成三位异步二进制减法计数器。

三、基本实验条件

（一）仪器仪表

数字逻辑实验箱（Dais-D2H$^+$）	1 个
数字万用表（VC8045-II）	1 个
示波器（GOS-620）	1 个

（二）器材元器件

主从双 JK 触发器（74LS76）	1 个
正边沿双 D 触发器（74LS74）	1 个
BCD-七段数码管译码器（74LS47）	1 个
共阳极七段数码管	1 个

四、实验原理

（一）基本实验任务

触发器是构成时序逻辑电路的基本逻辑单元。其输出有 0 和 1

两个稳定状态。只有在触发信号的作用下，才能从原来的稳定状态翻转为新的稳定状态。因此，触发器是一种具有记忆功能的电路，可作为二进制存储单元使用。

JK 触发器和 D 触发器是两种最基本、最常用的触发器，是构成时序逻辑电路的基本器件。如图 3.3.1 所示为 JK 触发器和 D 触发器的逻辑符号。图中，$\overline{R}_D$ 是直接置 0 端，$\overline{S}_D$ 是直接置 1 端。当 $\overline{R}_D$ =0 或 $\overline{S}_D$ =0 时，触发器将不受其他控制输入端影响；当 $\overline{R}_D$ =$\overline{S}_D$ =1 时，触发器的输出将取决于输入端的状态，但触发器翻转的时间受时钟脉冲 CP 的控制。若 CP 端有小圆圈，则表示该触发器在 CP 脉冲的下降沿翻转；若 CP 端没有小圆圈，则表示该触发器在 CP 脉冲的上升沿翻转。若 JK 触发器和 D 触发器有两个以上输入端，则各输入端子间是"与"的关系。JK、D 触发器的逻辑状态见表 3.3.1。

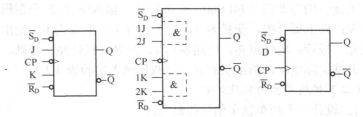

(a) 下降沿触发 JK 触发器　　(b) 上升沿触发 JK 触发器　　(c) D 触发器

图 3.3.1　边沿触发的 JK 触发器和 D 触发器的逻辑符号

在集成触发器的产品中，每种触发器都有各自的逻辑功能，可以利用转换的方法获得具有其他功能的触发器。例如，JK 触发器转换成 D 触发器、T 触发器和 T'触发器，其转换电路如图 3.3.2 所示。

表 3.3.1 触发器逻辑状态表

（a）JK 触发器逻辑状态表

J	K	Q_{n+1}
0	0	Q_n
0	1	0
1	0	1
1	1	$\overline{Q}_n$

（b）D 触发器逻辑状态表

D	Q_{n+1}
0	0
1	1

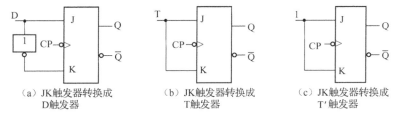

（a）JK触发器转换成 D触发器　　（b）JK触发器转换成 T触发器　　（c）JK触发器转换成 T′触发器

图 3.3.2　JK 触发器转换成 D 触发器、T 触发器和 T′ 触发器

计数器是数字系统中常用的基本时序逻辑器件。它不仅能记录输入时钟脉冲的个数，还可以实现分频、定时、产生节拍脉冲和脉冲序列等。JK 触发器和 D 触发器可以方便地构成计数器。图 3.3.3（a）是用 D 触发器组成的三位异步二进制加法计数器。

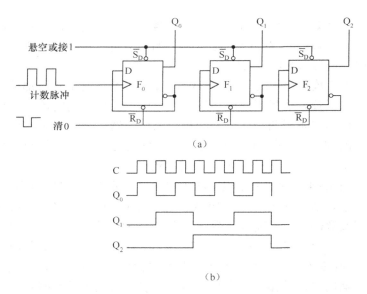

（a）

（b）

图 3.3.3　三位异步二进制加法计数器及时序图

三个 D 触发器均处于计数工作状态，计数脉冲从 F_0 的脉冲端输入，每输入一个脉冲，F_0 状态改变一次。低位触发器的输出端 $\overline{Q}$ 与相邻高位触发器的脉冲端相连，每当低位触发器的状态由 1 变 0 时，向相邻高位触发器的脉冲端输入一个正跳变脉冲，使得相邻高位触发器翻转一次，完成二进制加法计数功能。计数器工作前，在直接置零端输入一个负脉冲清零。其时序图如图 3.3.3（b）所示。从波形图中可以清楚地看到，Q_0、Q_1、Q_2 的周期分别是计数脉冲 C 周期的 2 倍、4 倍、8 倍，也就是说，Q_0、Q_1、Q_2 分别对脉冲 C 进行了二分频、四分频、八分频，因而计数器也可作为分频器使用。

（二）扩展实验任务

译码显示电路可以将输入代码译成一个特定的输出信号，以表示它的含义。代码不同，译码显示电路也不同。用译码显示电路可以方便、直观地观察计数器的工作过程。发光二极管、数码管、液晶屏都是常用的显示器件。

七段数码管是最直观、最常用的显示器件。它的每段都是一个发光二极管。选择不同的字段发光，可以显示不同的数字。它分共阳极和共阴极两种，分别配相应的译码器。七段译码器可以将输入的 4 位二进制代码译成驱动七段数码管显示所需的电平信号，使之显示出 0～9 之间的十进制数。

图 3.3.4 是译码显示电路的示意图。外部计数器的输出端 Q_3、Q_2、Q_1、Q_0 分别连接着译码器的输入端 D、C、B、A。译码器输出端接数码管。若输入计数脉冲为 1～2Hz 的连续脉冲，经过译码，数码管会依次显示 0、1、2、3、4、5、6、7、8、9 这 10 个数码。74LS47 是共阳极译码器。若数码管采用共阴极接法，则需在译码器的输出端接上一个反相器。很多实验箱上的数码管在内部已与译码器相连，在使用时，只需将计数器的输出 Q_3、Q_2、Q_1、Q_0 分别连接 D、C、B、A 即可。

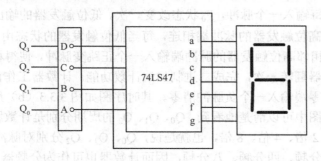

图 3.3.4　译码显示电路的示意图

五、实验预习要求

1. 复习示波器的使用方法，回答以下问题。

1）用示波器观察波形时，若屏幕上显示的波形太密或没有一个完整的波形，应如何调整？

2）用示波器观察波形时，如果发现波形向左或向右移动，则说明什么问题？如何调节才能使波形稳定？

2．查阅集成电路器件手册，熟悉 74LS74、74LS76 及 74LS47 的引脚排列，注明每个引脚的含义。

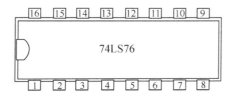

3．完成实验报告中实验内容的预习部分。

六、实验指导

（一）基本实验内容及步骤

1．JK 触发器逻辑功能测试（74LS76）。

1）直接置 0、置 1 功能测试。

测试当 $\overline{R}_D$、$\overline{S}_D$ 为不同逻辑电平时，Q_{n+1} 的逻辑状态，并将数据填入实验表 3.3.1。

2）逻辑功能测试。

将 $\overline{R}_D$、$\overline{S}_D$ 端置 1，改变 J、K 的状态，不断给 CP 端单脉冲，测试 Q_{n+1} 的逻辑状态，将数据填入实验表 3.3.1。

3）将触发器两个输入端（J、K）悬空，CP 端接入 1kHz 的时钟脉冲，用示波器观察时钟信号 CP 端和 Q 端的波形，分析是上升沿还是下降沿触发翻转。注意记录示波器显示的波形。

2．D 触发器逻辑功能测试（74LS74）。

1）直接置 0、置 1 功能测试。

当 $\overline{R}_D$、$\overline{S}_D$ 为不同逻辑电平时，测试 Q 端逻辑状态，将数据填入实验表 3.3.2。

2）D 触发器逻辑功能测试。

改变 D 端的状态，不断给 CP 端单脉冲，测试 Q_{n+1} 的逻辑状态，将数据填入实验表 3.3.2。

3）将 D 触发器接成计数器，CP 端接入 1kHz 的时钟脉冲，用示波器观察并记录时钟信号 CP 端和 Q 端的波形，分析是上升沿还是下降沿触发翻转。注意记录示波器显示的波形。

3．按照图 3.3.2（a）的逻辑电路进行连接，将 JK 触发器转换成 D 触发器，按实验表 3.3.3 测试其功能。

4．用 D 触发器组成三位异步二进制加法计数器。

1）按图 3.3.3（a）接好电路（使用 74LS74），将每个输出端接一个发光二极管，清零后，观察各发光二极管是否全暗。

2）计数脉冲端接实验箱的单脉冲信号，每按动一次单脉冲微动开关，都要仔细观察并记录各发光二极管的显示情况，将数据填入实验表 3.3.4。

3）计数脉冲输入端接 1kHz 连续脉冲，用示波器观测触发器各输出端的波形。

（二）扩展实验内容及步骤

用 JK 触发器组成三位异步二进制加法计数器。

按照预习中设计好的逻辑电路进行连接，计数脉冲输入 1Hz 连续脉冲，输出端与译码显示电路连接，观察并记录数码管的显示情况，将数据填入实验表 3.3.5。

七、实验注意事项

在使用触发器之前，应提前检查触发器是否完好。凡在实验中用到的触发器都必须检查。

1．首先将所用触发器的电源和地接好。

1）JK 触发器：将 J、K 输入端悬空，在 C 端输入 1Hz 的连续 CP 脉冲，若与 Q 端相连的指示灯闪烁，则证明触发器完好。

2）D 触发器：先把 D 端和 $\overline{Q}$ 端连起来，然后从 C 端输入 1Hz 的连续 CP 脉冲，若与 Q 端相连的指示灯闪烁，则证明触发器完好。

2．用示波器观察各路波形时，应注意两两对比测试。例如，先测试并记录 CP 与 Q_0 的波形，再测试并记录 Q_0 与 Q_1 的波形，然后测试并记录 Q_1 与 Q_2 的波形……

3．使用数码管显示时，应注意数码管为共阴极还是共阳极接法，以确定是否需要在译码器的输出端接反相器。

4．在实验过程中，秉承"先连线，后上电；先断电，后拆线"的原则，严禁带电操作。

3.4 中规模集成电路的应用

一、实验目的

1. 掌握中规模集成电路：数据选择器、译码器、移位寄存器和计数器的逻辑功能与使用方法。

2. 选择合适的中规模集成电路实现要求的电路功能。

3. 进一步熟悉组合逻辑电路的设计、调试过程，熟练掌握排除电路故障的方法。

二、实验任务（建议学时：4 学时）

（一）基本实验任务

1. 设计一个一位全加器。要求：

1）用二输入异或门和二输入 4 与非门实现。

2）用 3/8 线译码器和四输入 2 与非门实现。

3）用双 4 选 1 数据选择器和二输入 4 与非门实现。

2. 用 4 位双向移位寄存器设计一个广告流水灯。

3. 用二-五-十进制异步计数器设计一个七进制计数器。

（二）扩展实验任务

用计数器设计一个简易数字电子钟。假设已有周期为 1min 的时钟脉冲，要求显示时（0～23）和分（0～59）。

三、基本实验条件

（一）仪器仪表

数字逻辑实验箱（Dais-D2H$^+$）	1 个
数字万用表（VC8045-II）	1 个

（二）器材元器件

二输入 4 与非门（74LS00）	若干
四输入 2 与非门（74LS20）	1 个
二输入 4 异或门（74LS86）	1 个
3/8 线译码器（74LS138）	1 个
双 4 选 1 数据选择器（74LS153）	1 个
4 位双向移位寄存器（74LS194）	1 个
二-五-十进制异步计数器（74LS90）	2 个

四、实验原理

中规模集成电路（Medium-Scale Integration，MSI）是一种具有特定功能的集成电路模块。借助于器件手册提供的功能表，弄清楚芯片各引脚的功能和作用，就能正确地使用这类器件。在此基础上，应尽可能开发这些器件的功能，扩大其应用范围。中规模集成电路的应用，关键在于合理选择器件，灵活运用器件的各种控制端，实现任务要求的功能。

常用的中规模集成电路有：数据选择器、译码器、移位寄存器、计数器等。中规模集成电路与基本逻辑门电路相比，能够实现更为完善的逻辑功能，但其电路结构要复杂些。使用时，必须首先了解各引脚的定义，对一些不使用的引脚应妥善处理，如接 0 或接 1。许多中规模集成电路都设有片选端，其含义为：仅当片选信号有效时，集成电路才能正常工作，否则处于无效状态。

1. 数据选择器

数据选择器又称多路转换器或多路开关，其功能是从多个输入数据中选择一个送往唯一通道输出。

74LS153 是双 4 选 1 数据选择器，其逻辑符号如图 3.4.1 所示，逻辑功能见表 3.4.1。$1\overline{E}$ 和 $2\overline{E}$ 分别是两个数据选择器的使能输入端，低电平有效。A 和 B 是地址输入端，即 2/4 线译码器的输入端，为两个数据选择器所共有。其功能是，根据 A 和 B 输入的状态决定选择 4 个输入数据 1C0～1C3（或 2C0 ～ 2C3）中的一个从 1Y（或 2Y）输出。

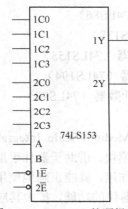

图 3.4.1 74LS153 的逻辑符号

表 3.4.1 74LS153 的逻辑功能表

使 能 输 入	地 址 输 入		输 出
$1\overline{E}$ ($2\overline{E}$)	A	B	1Y（2Y）
1	×	×	0
0	0	0	1C0（2C0）
0	0	1	1C1（2C1）
0	1	0	1C2（2C2）
0	1	1	1C3（2C3）

数据选择器不仅可以实现数据选择，还可以实现逻辑函数，其步骤如下。

①写出数据选择器的逻辑表达式。

②写出欲实现逻辑功能的与或逻辑表达式。

③比较两个逻辑表达式，确定逻辑变量。

例如，用 74LS153 实现以下逻辑函数：

$$Y=\overline{A}B\overline{C}+AB\overline{C}+\overline{A}B\overline{C}+BC$$

①由表 3.4.1 可以写出数据选择器的逻辑表达式：

$$Y=C0(\overline{A}\ \overline{B})+C1(\overline{A}B)+C2(A\overline{B})+C3(AB)$$

②写出欲实现逻辑功能的与或逻辑表达式：

$$Y=\overline{A}B\overline{C}+AB\overline{C}+\overline{A}B\overline{C}+BC=\overline{A}\cdot\overline{B}\overline{C}+A\cdot\overline{B}\overline{C}+\overline{A}\cdot\overline{B}C+1\cdot BC$$

③比较两个逻辑表达式，可确定逻辑变量。令地址码 A=B，地址码 B=C，因此

$$Y=\overline{A}\cdot\overline{B}\overline{C}+A\cdot\overline{B}\overline{C}+\overline{A}\cdot\overline{B}C+1\cdot BC$$

那么 C0= C2=$\overline{A}$，C1=A，C3=1。

将信号 B、C 分别对应接至数据选择器的地址输入端 A 和 B，数据输入端 1C0 和 1C2 均接$\overline{A}$，1C1 接 A，1C3 接高电平 1，这样可以实现逻辑函数，逻辑电路图如图 3.4.2 所示。

2．译码器

译码器是一个多输入、多输出的组合逻辑电路。其作用是把给定的代码"翻译"成相应的状态，使输出通道中相应的一路有信号输出。74LS138 是 3/8 线译码器，其逻辑符号如图 3.4.3 所示，逻

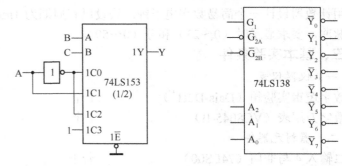

图 3.4.2 用 74LS153 实现的逻辑电路图　　图 3.4.3 74LS138 的逻辑符号

辑功能见表 3.4.2。译码地址输入端为 A_2、A_1 和 A_0，高电平有效；译码输出端为 $\overline{Y}_7 \sim \overline{Y}_0$，低电平有效；$\overline{G}_{2A}$、$\overline{G}_{2B}$、$G_1$ 为使能输入端，仅当 $\overline{G}_{2A}=0$，$\overline{G}_{2B}=0$，$G_1=1$ 时，译码器才能工作，否则 8 位译码输出全为无效的高电平 1。

表 3.4.2　74LS138 的逻辑功能表

输　入						输　出							
G_1	$\overline{G}_{2A}$	$\overline{G}_{2B}$	A_2	A_1	A_0	$\overline{Y}_0$	$\overline{Y}_1$	$\overline{Y}_2$	$\overline{Y}_3$	$\overline{Y}_4$	$\overline{Y}_5$	$\overline{Y}_6$	$\overline{Y}_7$
×	1	×	×	×	×	1	1	1	1	1	1	1	1
×	×	1	×	×	×	1	1	1	1	1	1	1	1
0	×	×	×	×	×	1	1	1	1	1	1	1	1
1	0	0	0	0	0	0	1	1	1	1	1	1	1
1	0	0	0	0	1	1	0	1	1	1	1	1	1
1	0	0	0	1	0	1	1	0	1	1	1	1	1
1	0	0	0	1	1	1	1	1	0	1	1	1	1
1	0	0	1	0	0	1	1	1	1	0	1	1	1
1	0	0	1	0	1	1	1	1	1	1	0	1	1
1	0	0	1	1	0	1	1	1	1	1	1	0	1
1	0	0	1	1	1	1	1	1	1	1	1	1	0

译码器的输出能产生输入变量的所有最小项，而任何一个组合逻辑函数都可以变换为最小项之和的标准形式。因此，用译码器和门电路可实现任何单输出或多输出的组合逻辑函数。当译码器输出低电平有效时，一般选用与非门；当译码器输出高电平有效时，一般选用或门。例如，用译码器 74LS138 实现逻辑函数：

$$Y=AB+BC+CA$$

先将欲实现的逻辑函数用最小项表示：

$$Y=AB+BC+CA=AB\overline{C}+ABC+\overline{A}BC+ABC+A\overline{B}C+ABC$$
$$=\overline{A}BC+A\overline{B}C+AB\overline{C}+ABC$$

$$=Y_3+Y_5+Y_6+Y_7=\overline{\overline{Y}_3 \cdot \overline{Y}_5 \cdot \overline{Y}_6 \cdot \overline{Y}_7}$$

然后，将输入变量 A、B 和 C 分别对应地接到译码器的输入端 A_2、A_1 和 A_0，输出端 $\overline{Y}_3$、$\overline{Y}_5$、$\overline{Y}_6$、$\overline{Y}_7$ 相与非，即可实现逻辑函数，如图 3.4.4 所示。

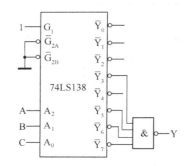

图 3.4.4　用译码器实现逻辑函数

3．移位寄存器

移位寄存器不仅能寄存数码，还能在移位指令的作用下使寄存器的各位数码依次向左或向右移动。

74LS194 是 4 位双向移位寄存器，其逻辑符号如图 3.4.5 所示，逻辑功能见表 3.4.3。其中，$\overline{R}_D$ 是直接清零端，CP 是时钟脉冲输

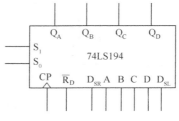

图 3.4.5　74LS194 的逻辑符号

入端，S_0 和 S_1 是工作状态控制输入端，D_{SR} 和 D_{SL} 分别是右移和左移时的串行数据输入端，A、B、C、D 是并行数据输入端，Q_A、Q_B、Q_C、Q_D 是并行数据输出端。

表 3.4.3　74LS194 的逻辑功能表

输				入						输		出	
$\overline{R_D}$	CP	S_1	S_0	D_{SL}	D_{SR}	A	B	C	D	Q_A	Q_B	Q_C	Q_D
0	×	×	×	×	×		×			0	0	0	0
1	0	×	×		×		×			Q_{An}	Q_{Bn}	Q_{Cn}	Q_{Dn}
1	↑	1	1	×	×	a	b	c	d	a	b	c	d
1	↑	0	1	×	d		×			d	Q_{An}	Q_{Bn}	Q_{Cn}
1	↑	1	0	d	×		×			Q_{Bn}	Q_{Cn}	Q_{Dn}	d
1	↑	0	0	×	×		×			Q_{An}	Q_{Bn}	Q_{Cn}	Q_{Dn}

将移位寄存器的输出反馈到其串行输入端，可以进行循环移位，构成环形计数器。如图 3.4.6 所示，将 74LS194 的输出端 Q_D 和右移串行数据输入端 D_{SR} 相连接，设初始状态 $Q_AQ_BQ_CQ_D=1000$，在移位脉冲作用下，$Q_AQ_BQ_CQ_D$ 将依次变为 0100→0010→0001→1000→……

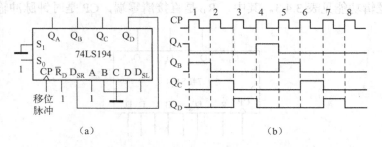

（a）　　　　　　　　　　（b）

图 3.4.6　移位寄存器构成环形计数器及时序图

4．计数器

计数器是在数字电路中使用最多的一种器件。它的主要功能是记录输入时钟脉冲的个数。除计数外，计数器还常用于分频、定时、产生脉冲，以及进行数字运算等。

74LS90 是一个二-五-十进制异步计数器。其逻辑符号如图 3.4.7 所示，逻辑功能见表 3.4.4。计数脉冲由 IN_A 输入，Q_A 输出，构成二进制计数器；计数脉冲由 IN_B 输入，Q_B～Q_D 输出，构成五进制计数器；将 Q_A 与 IN_B 连接起来，由 IN_A 输入计数脉冲，构成十进制计数器。置零端 R_{01} 和 R_{02} 全 1 时，计数器的各位触发器被清零；置 9 端 S_{91} 和 S_{92} 全 1 时，$Q_DQ_CQ_BQ_A=1001$。

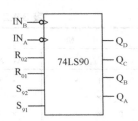

图 3.4.7　74LS90 的逻辑符号

表 3.4.4　74LS90 的逻辑功能表

IN_A	IN_B	R_{01}	R_{02}	S_{91}	S_{92}	Q_D	Q_C	Q_B	Q_A
×	×	1	1	×	0	0	0	0	0
				0	×				
×	×	×	0	1	1	1	0	0	1
		0	×						
↓	×	×	0	×	0	由 Q_A 输出 二进制计数器			
		0	×	0	×				
×	↓	×	0	×	0	由 Q_D～Q_B 输出 五进制计数器			
		0	×	0	×				
↓	Q_A	×	0	×	0	由 Q_D～Q_A 输出 十进制计数器			
		0	×	0	×				

集成计数器经过适当连接可以构成任意进制的计数器。若一个

集成计数器为 M 进制的，欲构成的计数器为 N 进制的，则构成原则是：当 $M>N$ 时，只需用一个集成计数器即可；当 $M<N$ 时，需要几个 M 进制集成计数器级联，才可以构成 N 进制计数器。常用的方法有：反馈清零法、级联法和反馈置数法。下面介绍前两种方法。

1）反馈清零法

用反馈清零法构成 N 进制计数器，就是将计数器的输出状态反馈到直接清零端 R_{01} 和 R_{02}，使计数器在第 N 个计数脉冲到来时立即清零，此后再从 0 开始计数，从而实现 N 进制的计数。图 3.4.8 是用一个 74LS90 构成的七进制计数器。

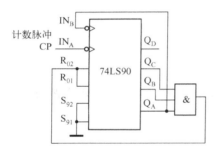

图 3.4.8　用一个 74LS90 构成的七进制计数器

用 74LS90 构成七进制计数器，需要将输出 $Q_C=1$，$Q_B=1$，$Q_A=1$ 送到复位端 R_{01} 和 R_{02}，计数到状态 0111（7）出现时，立即清零。状态 0111 仅瞬间存在，不是有效状态，不计入计数循环。

2）级联法

当 $M<N$ 时，需用两个以上集成计数器才能连接成任意进制计数器，这时要用级联法。

①直接级联

如图 3.4.9 所示，是用两个 74LS90（A、B）级联构成的 50 进

制计数器。B 接成十进制计数器，A 接成五进制计数器，级联后即为 50 进制计数器。计数脉冲直接输入 B 中，B 的最高位 Q_D 接 A 的 IN_B 输入端，这种接法属于异步级联方式。B 是逢十进一，当第 9 个计数脉冲输入时，B 的状态 $Q_DQ_CQ_BQ_A$ 为 1001；当第 10 个计数脉冲输入时，B 的状态由 1001 变为 0000，此时最高位 Q_D 由 1 变 0，从而为 A 提供计数脉冲。

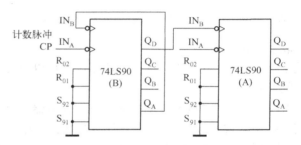

图 3.4.9　用两个 74LS90 级联构成的 50 进制计数器

采用这种级联法构成的计数器，其容量为几个计数器进制（或模）的乘积。用两个 74LS90 可以接成 20 进制、50 进制和 100 进制的计数器。

②反馈清零后级联

当两个 74LS90（A、B）进行级联时，用反馈清零法将一个 74LS90 接成 N_1 进制计数器，将另一个 74LS90 接成 N_2 进制计数器，然后两个 74LS90 再进行级联，可得到 $N_1×N_2$ 进制计数器。图 3.4.10 中，计数脉冲直接输入 B 中。B 接成八进制计数器，即每输入 8 个计数脉冲就向高位进位一次；A 接成六进制计数器，即逢六进一。因此，级联后的计数器为 48 进制计数器。

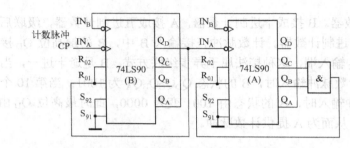

图 3.4.10　用两个 74LS90 级联构成的 48 进制计数器

③级联后反馈清零

若几个 74LS90 级联后再进行反馈清零，则可以更灵活地组成任意进制的计数器。

图 3.4.11 中，每个 74LS90 都接成十进制计数器，级联后再采取反馈清零措施构成 62 进制计数器。计数脉冲直接输入 B 中。当输入第 60 个计数脉冲时，A 的状态 $Q_D Q_C Q_B Q_A$ 为 0110，B 的状态 $Q_D Q_C Q_B Q_A$ 为 0000；当输入第 62 个计数脉冲时，A 的状态仍为 0110，B 的状态为 0010。此时与门输出为 1，这样 A 和 B 的 R_{01} 和 R_{02} 均为 1，两个集成计数器都清零。此后，若再输入计数脉冲，则又从 0 开始计数，接成 62 进制的 BCD 码计数器。

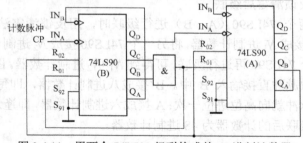

图 3.4.11　用两个 74LS90 级联构成的 62 进制计数器

五、实验预习要求

1. 预习实验原理，回答以下问题。

1）简述用译码器实现组合逻辑函数的步骤。

2）为何 74LS138 可以用于实现组合逻辑函数？

3）欲设置 74LS194 的初始状态为 Q_A $Q_BQ_CQ_D$=1000，如何实现？

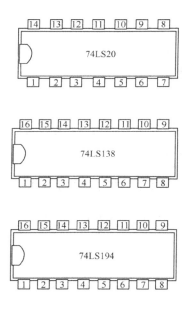

2．分析组合逻辑电路与时序逻辑电路的区别。

3．查阅集成电路器件手册，熟悉 74LS20、74LS86、74LS138、74LS153、74LS194 和 74LS90 的引脚排列，注明每个引脚的含义。

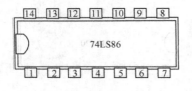

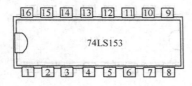

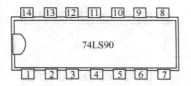

4．简述检测实验所用芯片 74LS20、74LS86、74LS138、74LS153、74LS194 逻辑功能的方法及步骤。

5．完成实验报告中的预习部分。

六、实验指导

（一）基本实验内容及步骤

1．设计一个一位全加器。设 A_i、B_i、C_i 分别为加数、被加数、低位向本位的进位，S_i、C_{i+1} 分别为本位和、本位向高位的进位。

1）按照预习中设计的检测方法及步骤检测器件 74LS00、74LS20、74LS86、74LS138、74LS153 的逻辑功能，判断器件、导线及相关测试工具的好坏。

2）全加器的实现。

①用 74LS86 和 74LS00 实现。

②用 74LS138 和 74LS20 实现。

③用 74LS153 和 74LS00 实现。

按照预习中设计好的逻辑电路进行连接，A_i、B_i、C_i 为输入，接逻辑电平开关；S_i、C_{i+1} 为输出，接发光二极管。调试电路，画出状态表，分别在实验实验表 3.4.1、实验表 3.4.2、实验表 3.4.3 中填入测试数据和结果。

2．设计一个广告流水灯。设共有 4 盏灯，始终 1 亮 3 暗，循环左移。用一个 74LS194 实现。

1）按照预习中设计的检测方法及步骤，检测器件 74LS194 的逻辑功能，判断器件的好坏。

2）广告流水灯的实现。

按照预习中设计好的逻辑电路进行连接，CP 由 1Hz 连续脉冲提供，4 个输出端与发光二极管连接，观察并记录二极管的显示情况。

3．用 74LS90 设计七进制计数器。

1）将直接置零端 R_{01}、R_{02} 和直接置 9 端 S_{91}、R_{92} 接逻辑电平开关，输出端 $Q_D \sim Q_A$ 接发光二极管，按照表 3.4.4 测试 74LS90 的逻辑功能，判断器件的好坏。

2）七进制计数器的实现。

按照预习中设计好的逻辑电路进行连接，输入计数脉冲，记录输出端 $Q_D \sim Q_A$ 的状态。

（二）扩展实验内容及步骤

设计一个简易数字电子钟。显示时（0～23）和分（0～59），用 74LS90 实现。按照预习中设计好的逻辑电路进行连接，周期为 1min 的时钟脉冲用 1Hz 的连续脉冲代替，输出端与译码显示电路连接，观察并记录七段数码管的显示情况，测试数字电子钟的功能。

七、实验注意事项

1．注意各模块要求的选通端的状态和清零端的状态。

2．若电路比较复杂，应先进行仿真，确定设计没有问题，再进行实物调试。

3．复杂电路的调试，需要分模块进行。例如，设计简易数字电子钟，可以将 60 进制的分计数器，24 进制的时计数器及其显示功能分别进行调试，各模块测试成功后再进行系统联调。

出现故障时，一定要沉着冷静，用万用表依次检查芯片电源、地、输入端信号、输出端信号，甚至导线、器件、芯片底座等是否正常。积累排障经验，提高分析问题、解决问题的能力，感受成功排查故障的喜悦。

3.5　555定时器的应用

一、实验目的

1．掌握用 555 定时器构成单稳态、无稳态和双稳态触发器的电路结构、工作原理及其调试方法。

2．理解定时器件对输出信号周期及脉冲宽度的影响。学会用示波器观察振荡器的振荡波形，测量振荡频率。

3．了解排除 555 定时器应用电路中常见故障的基本方法。

二、实验任务（建议学时：2 学时）

（一）基本实验任务

1．用 555 定时器构成一个单稳态触发器，要求定时时间约为 1s。

2．用 555 定时器构成一个无稳态触发器，振荡频率约为 150Hz。

3．用 555 定时器构成双稳态触发器，将三角波整形为脉冲波。

（二）扩展实验任务

1．用 555 定时器构成占空比可调的矩形波发生器，振荡频率约为 90Hz，占空比调节范围为 20%～80%。

2．用 555 定时器设计一个警笛电路，要求高、低两种音频交替出现，高、低音频持续时间都在 2s 以内。

三、基本实验条件

（一）仪器仪表

数字逻辑实验箱（Dais-D2H+）　　　1 个
数字万用表（VC8045-II）　　　　　1 个
示波器（GOS-620）　　　　　　　　1 个

（二）器材元器件

555 定时器（NE555）　　　　　　　2 个

电位器（100kΩ，4.7kΩ）　　　　　2 个
定值电阻和电容　　　　　　　　　　若干
二极管（1N4001）　　　　　　　　 2 个

四、实验原理

555 定时器是一种应用极为广泛的数字—模拟混合的非线性集成电路。该电路使用灵活、方便，只需外接少量的阻容器件就可以构成单稳态触发器、多谐振荡器和施密特触发器等多种应用电路。在报警、检测、波形的产生与变换、电子玩具等许多领域都得到了广泛应用。

（一）基本实验任务

1．用 555 定时器构成单稳态触发器。

图 3.5.1 是用 555 定时器构成的单稳态触发器及其工作波形。单稳态触发器是依靠负脉冲的触发而发生状态翻转的。无触发脉冲输入时，输入 u_i 为高电平（大于 $1/3V_{CC}$），触发器处于稳态，$u_o=0$。当触发负脉冲到来时，触发器进入暂态，$u_o=1$，且能在一段时间内保持住暂态。暂态存在的时间，即 t_W 的长短，取决于 u_C 由 0 上升到 $2/3V_{CC}$ 所用的时间：

$$t_W = \ln 3RC = 1.1RC$$

2．用 555 定时器构成无稳态触发器（多谐振荡器，也称为矩形波发生器）。

图 3.5.2 是用 555 定时器构成的多谐振荡器及其工作波形。该电路无须外接触发信号，当电源接通后，输出状态在 0 与 1 之间周期性变化，其输出波形为周期性变化的矩形波。输出波形的周期为：

$$T = t_{W1} + t_{W2} = 0.7(R_1 + R_2)C + 0.7R_2C = 0.7(R_1 + 2R_2)C$$

3．用 555 定时器构成双稳态触发器（施密特触发器）。

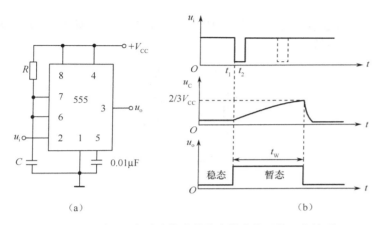

（a）

图 3.5.1　用 555 定时器构成单稳态触发器及其工作波形

　　施密特触发器是一种电平触发的双稳态触发器，它有两个稳定的输出状态，在高电平触发信号 U_{T+} 和低电平触发信号 U_{T-} 的作用下，两种状态可以互换。图 3.5.3 是用 555 定时器构成的施密特触发器及其工作波形。

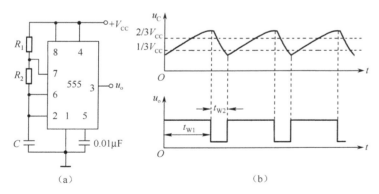

（a）

图 3.5.2　用 555 定时器构成多谐振荡器及其工作波形

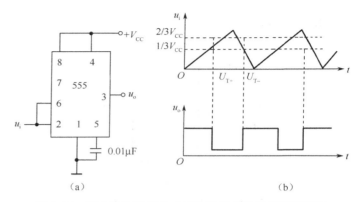

（a）

图 3.5.3　用 555 定时器构成施密特触发器及其工作波形

（二）扩展实验任务

1. 用 555 定时器构成占空比可调的矩形波发生器（多谐振荡器）。

　　在图 3.5.2 中增加一个电位器和两个引导二极管就可以构成占空比可调的矩形波发生器，如图 3.5.4 所示。电容充、放电时间分别为：

$$t_{w1} = 0.7(R_1 + R_{w1})C, \quad t_{w2} = 0.7(R_2 + R_{w2})C$$

则占空比为：

$$D_T = \frac{R_1 + R_{W1}}{R_1 + R_2 + R_W}$$

2. 用 555 定时器组成警笛电路。

　　警笛电路的发声原理是使用间歇的多谐振荡器，由两个 555 定时器分别构成高频多谐振荡器和低频多谐振荡器。两个多谐振荡器交替工作，即：高频→低频→高频→低频……高、低频多谐振荡器的频率应明显有所区别。

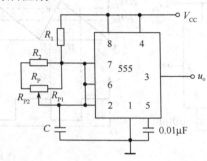

图 3.5.4　占空比可调的矩形波发生器

五、实验预习要求

1．复习 555 定时器的相关知识，回答以下问题。

1）写出由 555 定时器构成单稳态触发器输出波形参数的计算方法：

输出脉冲宽度 T_w＝_____。

2）写出由 555 定时器构成多谐振荡器输出波形参数的计算方法：

高电平维持时间 T_H＝_____，低电平维持时间 T_L＝_____，频率 f＝_____，占空比 D_T＝_____。

3）用 555 定时器构成施密特触发器，若电源电压为 6V，控制端不外接固定电压，则其上限阈值电压是_____，下限阈值电压是_____，回差电压是_____。

2．查阅集成电路器件手册，熟悉 NE555 的引脚排列，注明每个引脚的含义。

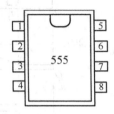

3．复习示波器的使用方法，回答以下问题。

1）示波器有_____种输入耦合方式，分别是_____。

2）分别说明不同输入耦合方式的含义是什么？

4．完成实验报告中的实验部分。

六、实验指导

（一）基本实验内容及步骤

1．用 555 定时器构成单稳态触发器。

1）按预习设计好的电路和参数进行接线（参考图 3.5.1），输入端接实验箱的单个负脉冲，输出端接指示灯。

2）接通电源，观察指示灯的状态。输入一个负脉冲，观察指示灯的变化，并记录指示灯亮的时间长短。

2．用 555 定时器组成无稳态触发器。

1）按预习设计好的电路和参数进行接线（参考图 3.5.2）。

2）接通电源，用示波器同时观测电容电压和输出电压的波形。

3）将实际测量的输出波形与理论值进行比较，分析误差及其产生的原因。

3．用 555 定时器构成施密特触发器。

1）按图 3.5.3 接线，电源电压接 5V。

2）在输入端输入频率为 1kHz 的三角波，控制三角波的最高电压为 3.8～5V，最低电压为 0～1.2V。

3）用示波器观察并记录输入、输出波形。

4）将示波器水平系统调至 X-Y 模式，CH1 接输入波形，CH2 接输出波形，观察并记录传输特性曲线。

5）在传输特性曲线上，读出并记录高电平触发信号 U_{T+} 和低电平触发信号 U_{T-}，计算回差电压。

（二）扩展实验内容及步骤

1．用 555 定时器构成占空比可调的矩形波发生器。

1）按预习设计好的电路和参数进行接线。

2）调节 R_P，用示波器观察输出波形，测量高电平时间和周期，计算最大和最小占空比，并与设计要求进行比较，分析误差及其产生的原因。

2．用 555 定时器构成警笛电路。

1）按照预习中设计的电路进行接线，接通电源。

2）调试电路，用实验手段调试出理想的频率。

3）用示波器测量并记录两个多谐振荡器的输出波形及其最高频率 f_{max} 和最低频率 f_{min}。

七、实验注意事项

1．仔细查阅芯片说明书，注意典型用法中的电路参数。

2．电路走线尽量横平竖直，方便排查故障。

3．在实验过程中，秉承"先连线，后上电；先断电，后拆线"的原则，严禁带电操作。

3.6 数字电路综合应用——数字频率计

一、实验目的

1．融会贯通组合逻辑和时序逻辑电路的全部内容，在掌握单元电路的基础上，学会综合应用。

2．通过对一个简单数字系统的设计、组装与调试，学习数字电路系统的基本设计方法，培养调试技能和解决实际问题的能力。

3．进一步熟悉常用中规模集成电路的性能与应用。

二、实验任务（建议学时：4学时）

设计一个简易的数字频率计，要求：

1）频率测量范围为100～999Hz。

2）测频结果用三位七段数码管稳定显示。

3）输入信号是幅度为5V的方波。

4）设置频率测量启动按钮。

三、基本实验条件

（一）仪器仪表

数字逻辑实验箱（Dais-D2H⁺）	1个
数字万用表（VC8045-II）	1个
示波器（GOS-620）	1个

（二）器材元器件

定时器芯片（NE555）	1个
定值电阻	若干
电容	若干
电位器（10kΩ，100kΩ）	若干
二-五-十进制异步计数器（74LS90）	4个
4位双向移位寄存器（74LS194）	4个
BCD-七段数码管译码器（74LS47）	3个
七段共阴极数码管	3个
集成门电路若干	

四、实验原理

数字频率计是一种直接用十进制数字来显示待测信号频率的测量装置。数字频率计的基本功能是测量正弦波信号、方波信号、三角波信号和尖脉冲信号等周期信号的频率。它在测量其他物理量如转速、振动频率等方面也获得了广泛应用。

数字频率计的测量方法可以采用测频法。所谓频率，是指周期信号在单位时间（1s）内变化的次数。测频法就是让计数器在一定时间间隔 T 内测量这个周期性信号的重复变化次数 N，其频率为 $f=N/T$。当 T 取 1s 时，计数结果 N 就是待测信号的频率。数字频率计的工作原理图如图 3.6.1 所示。

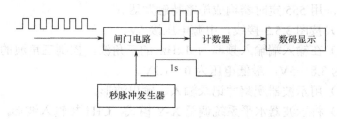

图 3.6.1　数字频率计的工作原理图

若待测信号不是矩形脉冲，则需要经过整形电路后，得到同频率的矩形脉冲。秒脉冲发生器提供 1s 时间间隔的基准信号，作为单位时间输入闸门电路，控制其开启。矩形脉冲通过闸门电路送到计数器中，秒信号结束时，闸门电路关闭，计数器停止计数。计数器计得的脉冲数 N 在 1s 时间内的累计数即为测得的频率 f。显然，在同样的闸门信号控制下，被测信号频率越高，测量误差越小。如

图 3.6.2 所示为数字频率计的系统框图。主要内容说明如下。

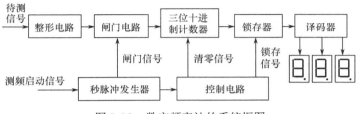

图 3.6.2　数字频率计的系统框图

1．锁存器

为了能稳定、清晰地显示频率，必须采用锁存的方法，在完成一次测量后，把结果传输给译码器并予以锁存。这样在下一次测量过程中，由于锁存器的锁存作用，计数器不断变化的输出不会影响数码管的显示内容。数码管上显示的测量结果以闸门信号的周期为单位进行刷新。

2．秒脉冲发生器

秒脉冲发生器的功能是提供一个 1s 高电平的基准信号，用于驱动闸门电路。可以用 555 定时器组成单稳态触发器，暂态时间设置为 1s，测频启动信号可连接单稳态触发器的输入端。

3．计数器

可以用 74LS90 组成三位十进制计数器。计数器在 1s 高电平期间对待测信号进行计数。在 1s 结束时，锁存信号刚好到来，计数器的结果经译码显示在数码管上。

4．控制电路

控制电路分别给计数器和锁存器提供清零和锁存控制信号。由于在 1s 高电平期间计数，在低电平时停止计数，因此锁存信号应在 1s 的下降沿产生。在完成锁存以后即产生一个清零信号给计数

器清零，为下一次测量做准备。闸门信号、锁存信号和清零信号之间的时序关系见图 3.6.3。

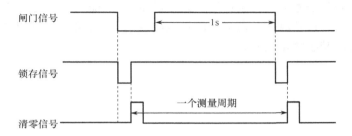

图 3.6.3　闸门信号、锁存信号和清零信号之间的时序图

五、实验预习要求

1．复习组合逻辑电路和时序逻辑电路的相关内容。

2．直接测频法：测量在一定时间间隔 T（1s）内周期信号重复变化的次数 N，最大存在±1 字（±1Hz）的量化误差，因此测量的误差与信号频率有关：信号频率越高，误差越小；反之，信号频率越低，误差越大。若频率测量范围改为 1～100Hz，则应做哪些改动以减小测量误差？

3．如何消除频率测量启动按钮可能产生的抖动？

4．完成实验报告中的预习部分。

六、实验指导

1．按仿真电路图，以单元电路为模块进行调试，待各模块完成后，再进行系统联调。为了缩短接线和调试电路的时间，建议按以下顺序进行操作。

1）若输入信号不是矩形脉冲，则首先调试整形电路，使之输出合适的脉冲信号，用示波器观察输出波形。

2）检测秒脉冲发生器并进行调整。

3）检查控制门，观察闸门电路的输出是否正确。

4）连接计数器、锁存器和译码显示电路（译码器和数码管），并用连续脉冲检查计数器功能是否正常。

5）向闸门电路输入方波信号，检查频率计部分，使之准确计算频率。

6）整机联调，使频率计正确测频。

2．用实验箱内的译码器、数码管显示频率。

3．系统各环节使用的阻容器件只能从实验室提供的器件中选用。用这些器件组成的振荡器和定时器，其理论计算数值与设计要求可能会有差别，但只要误差不大于 5%即可。

4．频率测量启动按钮可以接在实验箱的单个脉冲上。

七、实验注意事项

1．仔细查阅所用芯片说明书，尤其是引脚图、功能表、时序图及典型电路图等。

2．调试复杂电路应分模块进行，先将单元模块电路分别调试好，再将各部分连接起来，系统联调。

3．对于调试中遇到的问题，应随时做好记录。

4．在实验过程中，秉承"先连线，后上电；先断电，后拆线"的原则，严禁带电操作。

八、实验报告要求

本实验为综合设计型实验，需要写一份类似于论文的设计报告，包括以下内容。

1．报告名称

2．中文摘要

3．设计内容及要求

4．系统设计与方案论证，画出系统框图

主要介绍系统设计思路与总体方案的可行性论证，以及关键模块的方案比较与选择等。要求提出 2～3 种方案进行分析与比较。给出系统总体方框图，说明系统的工作原理或工作过程及各功能模块的划分与组成关系。

5．单元电路设计

在单元电路设计中，对已确定的各单元电路的工作原理进行介绍，对各单元电路进行分析和设计，并对电路中的有关参数进行计算，然后进行器件的选择等，画出每个环节的工作波形，并标明参数。

6．系统测试

设计测试方案，包含使用的主要仪器和仪表、测量方法、测量数据和波形。将实际测量值与理论值进行比较，给出测量结论，分析设计电路和方案的优缺点，提出改进意见和展望。

7．器件清单

列出使用的所有器件的名称、型号规格和数量等。

8．收获与体会

总结实验过程中发现的问题，包括错误操作、出现的故障、说明现象、写出查找原因的过程和解决问题的措施，以及在处理问题过程中获得的经验与教训，最后总结实验的收获和体会。

9．参考文献

注意参考文献的书写格式，可参考教材后面的参考文献写法。

第4章 电气控制技术实验

4.1 变压器的应用研究

一、实验目的

1. 学习测量变压器的变比、外特性和功率损耗。

2. 学习用实验的方法测量变压器绕组的同名端。

3. 掌握自耦变压器的使用。

二、实验任务（建议学时：2学时）

（一）基本实验任务

1. 观察自耦变压器的输出电压随着调压旋钮转动时的变化情况，掌握自耦变压器的使用。

2. 在变压器空载条件下，测量变压器的变比。

3. 改变变压器二次绕组的负载，分别测量一次绕组和二次绕组的电压、电流参数，测量变压器的外特性。

4. 使用交流电压表法判断变压器绕组的同名端，记录测量数据，并说明判断依据。

（二）扩展实验任务

1. 利用变压器的空载电路估算变压器的铁损。

2. 利用变压器的二次绕组短路实验，估算变压器的铜损。

三、基本实验条件

（一）仪器仪表

交流电压表	1个
交流电流表	1个
数字万用表	1个
单相功率表	1个

（二）器材元器件

自耦变压器	1个
单相变压器	1个
白炽灯	若干
开关	若干

四、实验原理

（一）基本实验任务

1. 变压器的空载特性

在变压器一次（原边）绕组[1]加额定电压，二次（副边）绕组开路的工作状态称为变压器的空载，变压器的变比是在空载时测得的，变压比 $K=U_1/U_{20}$，其中 U_{20} 为二次空载电压。

变压器空载时，一次电压 U_1 与空载电流 I_0 的关系称为空载特性，其变化曲线和铁心的磁化曲线相似，如图4.1.1所示。空载特性可以反映变压器磁路的工作状态。磁路的最佳工作状态是在空载电压等于额定电压时，工作点在空载特性曲线接近饱和而又没有达到饱和的拐点（边缘）处。如果工作点偏低，空载电流很小，磁路远离饱和状态，则可以适当减小铁心的截面积或者适当减少线圈匝数；如果工作点偏高，空载电流太大，磁路已达到饱和状态，则应适当增大铁心的截面积或者增加线圈匝数。

2. 变压器的外特性

变压器的一次、二次绕组都具有内阻抗，即使一次电压 U_1 数值不变，二次电压 U_2 也将随着负载电流 I_2 的变化而变化。当 U_1 一定，负载功率因数 $\cos\varphi_2$ 不变时，U_2 与 I_2 的关系就是变压器的外特性，其变化曲线如图4.1.2所示。对于电阻性和电感性的负载，

---

[1] 习惯上，将变压器的一次绕组称为原边绕组，二次绕组称为副边绕组。

U_2 随着 I_2 的增大而减小。

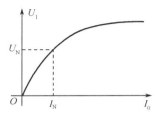

图 4.1.1 变压器的空载特性曲线

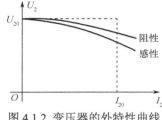

图 4.1.2 变压器的外特性曲线

3．变压器绕组的同名端

使用变压器时，有时要注意绕组的正确连接。而正确连接的前提是必须判断出绕组的同名端。通常，在绕组上标以"*"号表示同名端。同名端的判断，通常用直流法和交流法。

采用直流法测量同名端的电路，如图 4.1.3 所示。在 S 闭合瞬间，若电流（毫安）表正向偏转，则 1、3 端为同名端；若电流表反偏，则 1、4 端为同名端。

采用交流法测量同名端的电路，如图 4.1.4 所示。将两个绕组的任意两端（如 2、4 端）连在一起，在其中一个绕组两端加一个交流电压，用交流电压表分别测出端电压 U_{13}、U_{12} 和 U_{34}。若 U_{13} 是两个绕组端电压之差，则 1、3 端是同名端；若 U_{13} 是两个绕组端电压之和，则 1、4 端是同名端。

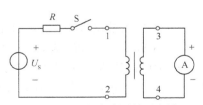

图 4.1.3 直流法测量同名端

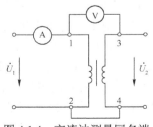

图 4.1.4 交流法测量同名端

（二）扩展实验任务

1．变压器铁损的估算

变压器在空载状态下的一次电流称为空载电流 I_0，变压器消耗的功率 P_0 称为空载损耗。性能良好的变压器在正常情况下的空载电流很小，$I_0 \approx (5\% \sim 12\%)I_{1N}$，其中 I_{1N} 为变压器（一次绕组）额定工作电流，空载损耗为：

$$P_0 = P_{Cu0} + P_{Fe} = I_0^2 R_1 + P_{Fe} \approx P_{Fe}$$

式中，P_{Cu0} 为变压器空载时的铜损；P_{Fe} 为变压器的铁损；R_1 为变压器空载时的一次绕组线圈电阻。

由于 I_0 和 R_1 都非常小，因此可以认为空载损耗 P_0 就是铁损 P_{Fe}。

铁损包括涡流损耗和磁滞损耗。

2．变压器铜损的估算

变压器的铜损是通过变压器的短路实验来测量的。短路实验是将变压器的二次绕组短路，一次绕组加载非常低的电压，使二次电流达到额定值情况下所进行的实验。实验中一次绕组所加电压 U_K 称为短路电压，短路实验所测得的功率损耗 P_K 称为短路损耗，即：

$$P_K = I_{1K}^2 R_1 + I_{2K}^2 R_2 + P_{FeK}$$

因为短路电压很低，铁心中的磁通密度远小于额定工作状态的磁通密度，所以短路实验时的铁损很小，可以认为短路损耗就是变压器额定运行时的铜损，即：

$$P_{Cu} \approx P_K$$

从变压器空载和短路实验测得的铁损和铜损，可以求得变压器额定运行时的效率为：

$$\eta = \frac{P_2}{P_2 + P_{Fe} + P_{Cu}} \times 100\%$$

五、实验预习要求

1. 变压器的同名端是怎样定义的，通常使用的测量方法是什么？

2. 说明变压器的空载特性和有载工作特性。

3. 完成实验报告中实验内容的预习部分。

六、实验指导

（一）基本实验内容及步骤

1. 自耦变压器使用练习

观察自耦变压器的输出电压随着调压旋钮转动时的变化情况。使用完毕后，将调压旋钮调回零位。

2. 变压器的初步认识

在断电的情况下认识变压器。记录变压器的铭牌值，在没有铭牌时，查阅购买记录或询问相关教师，完成基本参数的填写。根据基本参数完成额定电流的计算，计算时可以认为变压器的效率为100%。用万用表分别测量变压器一次、二次绕组的线圈电阻。将以上数据填入实验表4.1.1。

3．变压器变比的测量

如图 4.1.5 所示，变压器一次绕组接入额定电压，二次绕组不接负载，测量一次电压 U_1 和二次空载电压 U_{20}，计算变比：$K = U_1 / U_{20}$，将数据填入实验表 4.1.2。

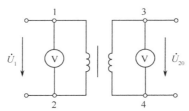

图 4.1.5　变压器变比的测量

4．变压器外特性的测量

保持变压器一次电压 U_1 为额定电压不变，二次绕组逐个接上白炽灯，如图 4.1.6 所示，每次均测量 I_1、I_2、U_2，将数据填入实验表 4.1.3。

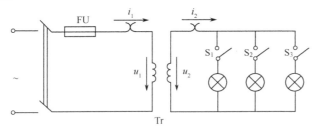

图 4.1.6　变压器外特性的测量

5．变压器绕组同名端的测量

如图 4.1.4 所示，将变压器 2、4 端短路，在一次绕组加额定交流电压 U_{12}=220V，用交流电压表分别测量二次电压 U_{34} 和 1、3 端

之间的电压 U_{13}，把测量值和计算值一并填入实验表 4.1.4，并根据表中的计算结果判断两个绕组的同名端。

（二）扩展实验内容及步骤

1．变压器的空载实验

按图 4.1.7 接线，将变压器的一次绕组与自耦变压器相连，二次绕组开路，调节自耦变压器，将一次电压升高，从 1.2U 开始，逐渐降低电压，读取相应的电压、电流和功率，填入实验表 4.1.5。

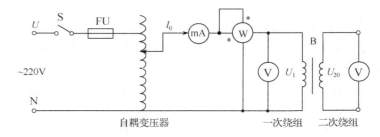

图 4.1.7　变压器的空载实验电路

估算变压器的铁损 P_{Fe}，根据实验表 4.1.5 中的数据绘制变压器的空载特性曲线。

2．变压器的短路实验

用导线将变压器二次绕组短路，按图 4.1.8 接线。注意：应先将自耦变压器调压旋钮逆时针旋转到零位，再接通电源！

缓慢调节自耦变压器的调压旋钮，使自耦变压器的输出电压从零逐渐增大，在变压器二次绕组短路的情况下，变压器一次电流达到额定电流值。测量此时的电压 U_{K}、电流 I_{K}、功率 P_{K}，填入实验表 4.1.6。估算变压器的铜损 P_{Cu}，计算变压器额定运行时的效率 η。

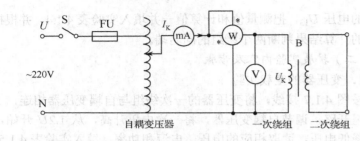

图 4.1.8　变压器短路实验

七、实验注意事项

1. 本实验为强电实验，务必注意用电和人身安全，接线前一定要先断开电源。

2. 遇到异常情况，应立即断开电源，待处理好故障后，才能继续实验。

3. 在整个实验过程中，将一个电流表串接在一次绕组中，注意流过一次绕组的电流不能超过其额定电流。

4. 切勿将自耦变压器的一次、二次绕组接反，使用完毕后一定要将调压旋钮调回到输出电压为 0 的状态。

4.2　三相异步电动机的基本控制

一、实验目的

1. 掌握按照电气原理图进行实际安装接线的基本方法。

2. 掌握电动机启/停控制、正/反转控制、顺序控制等简单控制的原理与调试方法。

3. 学会分析、排除继电器—接触器控制线路故障的方法。

二、实验任务（建议学时：2学时）

（一）基本实验任务

1. 分析电动机直接启/停控制的电路，按照实验原理中给出的电路进行调试。

2. 分析电动机既能点动又能连续运行控制的电路，按照实验原理中给出的电路进行调试。

3. 分析电气互锁的电动机正/反转控制的电路，按照实验原理中给出的电路进行调试。

4. 分析机械和电气双重互锁的电动机正/反转控制的电路，按照实验原理中给出的电路进行调试。

（二）扩展实验任务

设计两台电动机 M_1 和 M_2 顺序控制的电路，实现以下控制要求：

①电动机 M_1 先启动后，电动机 M_2 才能启动。

②电动机 M_2 可以单独停车。

三、基本实验条件

三相异步电动机	1台
自动空气开关	1个
熔断器	3个
交流接触器	2个
热继电器	3个
按钮	3个

四、实验原理

（一）基本实验任务

1. 电动机直接启/停控制电路

电路如图 4.2.1 所示。主电路从三相电源端点 L_1，L_2，L_3 引出，经过电源开关 Q、三相熔断器 FU、接触器三个主触点 KM 及热继电器 FR 的热元件接到电动机 M 上。

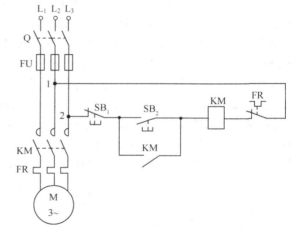

图 4.2.1　电动机直接启/停控制电路

控制电路由接触器 KM 的线圈，以及启动按钮 SB_2、停车按钮 SB_1、热继电器 FR 的常闭触点和接触器 KM 的常开辅助触点组成。松开按钮 SB_2，由于接在按钮 SB_2 两端的 KM 常开辅助触点闭合自锁，因此控制回路仍保持接通，电动机 M 连续运转。这种当启动

按钮 SB_2 断开后，控制回路仍能自行保持接通的线路，称为自锁（或自保）的控制线路。与启动按钮 SB_2 并联的这个 KM 常开辅助触点称为自锁（或自保）触点。

自锁的控制线路的另一个重要特点是，它具有欠电压与失电压（或零电压）保护作用。

过载保护：热继电器 FR 起过载保护作用。它的热元件串接在电动机 M 的主回路中，常闭触点则串接在控制回路中。

电动机 M 在运行过程中，如果由于过载或其他原因，使负载电流超过其额定值，则经过一定时间（其时间长短由过载电流的大小决定）后，使串接在控制回路中的热继电器 FR 常闭触点断开，切断控制回路，接触器 KM 的线圈断电，主触点分断；电动机 M 便脱离电源停转，要等热继电器 FR 的双金属片冷却恢复原来状态后，电动机 M 才能重新启动，达到了过载保护的目的。

2．电动机既能点动又能连续运行的控制电路

电路如图 4.2.2 所示（主电路同图 4.2.1）。当启动按钮 SB_2 按下时，电动机 M 连续运行。按下点动按钮 SB_3，其常闭触点先断开，常开触点后闭合，电动机 M 启动。松开点动按钮 SB_3，其常开触点先断开，常闭触点后闭合，电动机停转，实现电动。

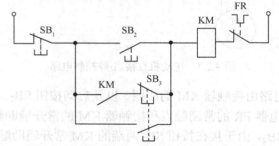

图 4.2.2　既能点动又能连续运行的控制电路

3．电动机的正/反转控制电路

如图 4.2.3（a）为电动机正/反转控制的主电路。接触器互锁（电气互锁）的正/反转控制电路，如图 4.2.3（b）所示。图中采用两个接触器 KM_1 和 KM_2 控制电动机的正/反转。需要特别注意的是，接触器 KM_1 和 KM_2 不能同时通电，否则，如果它们的主触点同时闭合，将造成电源短路。为此，在 KM_1 与 KM_2 线圈各自的控制回路中，相互串联对方的一个常闭辅助触点，以保证两个接触器不会同时通电吸合。KM_1 与 KM_2 的这两个常闭辅助触点在线路中所起的作用是互锁（或联锁），这两个常闭触点称为互锁触点。

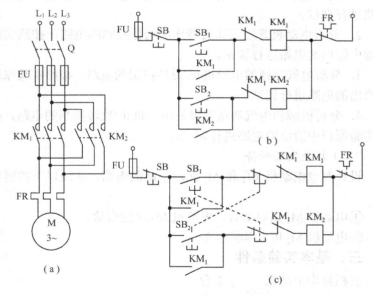

图 4.2.3　电动机正/反转控制电路

控制电路中有三个按钮：SB 为停车按钮，SB_1 为正转启动按钮，SB₂为反转启动按钮。

图 4.2.3（b）控制电路的缺点是，在正转的过程中需要反转时，必须先按停车按钮 SB，待互锁触点 KM₁ 闭合后，再按反转启动按钮，才能使电动机反转，这在实际操作中非常不方便。为了解决这一问题，可以在控制电路中添加机械互锁。如图 4.2.3（c）所示，该电路在电动机正（反）转换为反（正）转时，可以不按停车按钮 SB，而直接按反（正）转启动按钮进行控制。请读者自行分析控制原理。

（二）扩展实验任务

实现顺序启动的控制电路，即在一种设备启动后，另一种设备才能启动，常用于主辅设备之间的控制。

五、实验预习要求

1．说明通过接触器互锁与接触器和按钮双重互锁的控制电路在操作有什么不同？

2．熔断器和热继电器两者可否只用一种就能起到短路和过载保护的作用？为什么？

3．完成实验报告中实验内容的预习部分。

六、实验指导

（一）基本实验内容及步骤

1．电动机的启/停控制电路

1）按图 4.2.1 连接好电路，先接主电路后接控制电路，并按主电路和控制电路仔细核查电路。

2）确定电路接线无误后，接通电源开关，操作按钮，检查电动机的工作状况和各电器的工作状态是否正常：按下启动按钮，电动机连续运行；按下停车按钮，电动机停车。

3）如果电路工作出现异常，应断开电源后，查找原因。

2．电动机既能点动又能连续运行的控制电路

1）按图 4.2.2 连接好电路并仔细检查。

2）确定电路接线无误后，接通电源开关，按下点动按钮，实现电动机的点动控制，按下连续运行的启动按钮，实现电动机的连续运行，按下停车按钮，电动机停车。

3）如果电路工作出现异常，应断开电源后，再查找原因。

3．电动机的正/反转控制电路

1）按图 4.2.3（a）、（b）连接好电路并仔细检查。

2）确定电路接线无误后，接通电源开关。按下正转启动按钮，电动机正转，按下停车按钮，电动机停车；按下反转启动按钮，电动机反转，按下停车按钮，电动机停车。

3）按图 4.2.3（c）控制电路接线，并仔细检查。确定电路接线无误后，接通电源开关。按下正转启动按钮，电动机正转；按下反转启动按钮，电动机反转；按下停车按钮，电动机停车。

4）如果电路工作出现异常，应断开电源后，再查找原因。

（二）扩展实验内容及步骤

1）按预习要求设计的电路完成接线。

2）确定电路接线无误后，接通电源开关。按下电动机 M_1 的启动按钮，电动机 M_1 启动。此时，再按下电动机 M_2 的启动按钮，才能启动电动机 M_2。

3）按下电动机 M_2 的停车按钮，电动机 M_2 可以单独停车。

4）按下电动机 M_1 的停车按钮，电动机 M_1 和电动机 M_2 同时停车。

七、实验注意事项

1．接通电源后，按下启动按钮，接触器吸合，但电动机不转，且发出"嗡嗡"声响，或电动机能启动，但转速很慢，这种故障来自主回路，大多是一相断线或电源缺相。

2．接通电源后，按下启动按钮，若接触器通、断频繁，且发出连续的噼啪声或吸合不牢，同时发生颤动，可能的原因如下。

1）线路接错，将接触器线圈与自身的常闭触点串联在一条回路上。

2）自锁触点接触不良，时通时断。

3）接触器铁心上的短路环脱落或断裂。

4）电源电压过低，或与接触器线圈的电压等级不匹配。

4.3 三相异步电动机的时间控制与行程控制

一、实验目的

1. 了解时间继电器的结构与工作原理，掌握时间继电器在电动机控制电路中的作用及应用方法。

2. 掌握行程开关的控制原理。

3. 掌握行程开关在电动机控制电路中的作用及应用方法。

二、实验任务（建议学时：2 学时）

（一）基本实验任务

1. 分析时间控制电路，按照实验原理中给出的电路完成调试，检查运行结果。

2. 分析行程控制电路，按照实验原理中给出的电路完成调试，模拟工作台碰撞行程开关的现象，检查运行结果。

（二）扩展实验任务

请自行设计控制电路，使工作台运动到终点并停留 2 分钟后自动后退，运动至原位后停止。

三、基本实验条件

三相异步电动机	1 台
自动空气开关	1 个
熔断器	3 个
交流接触器	2 个
时间继电器	1 个
行程开关	2 个
按钮	若干
热继电器	3 个

四、实验原理

（一）基本实验任务

1. 用通电延时的时间继电器构成的时间控制电路，如图 4.3.1 所示。

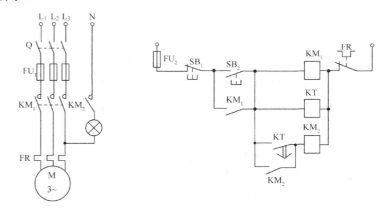

图 4.3.1 时间控制电路

其工作过程如下：

2. 用行程开关构成的工作台往返运动的控制电路，如图 4.3.2 所示。工作台的向左、向右运动可以通过控制电动机的正/反转来实现。而当工作台向左（或向右）运动到达设定位置（或极限位置）

时，若要使工作台不再继续朝该方向运动，则需要利用行程开关来进行控制。

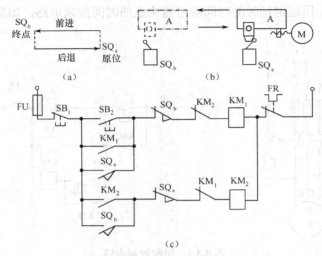

图 4.3.2　工作台往返运动的控制电路

在控制电路中设置至少两个行程开关 SQ_a 和 SQ_b，把它们安装在工作台需要限位处。当工作台运动到终点时，行程开关 SQ_b 动作，自动切断正转的接触器，从而使反转的接触器接通，工作台后退到原点，行程开关 SQ_a 动作，实现自动往复的运动。请自行分析其控制过程。

（二）扩展实验任务

设计控制电路，使工作台运动到终点并停留 2 分钟后自动后退，运动至原位后停止。

五、实验预习要求

1. 怎样利用行程开关实现行程控制？

2. 通电延时和断电延时的时间继电器有什么区别？时间继电器的 4 种延时触点是如何工作的？

3．完成实验报告中实验内容的预习部分。

六、实验指导

（一）基本实验内容及步骤

1．电动机的时间控制

1）按图 4.3.1 连接好电路，先接主电路后接控制电路，并按主电路和控制电路仔细查对电路。

2）确定电路接线无误后，接通电源开关，操作按钮，检查电动机的工作状况和各电器的工作状态是否正常：按下启动按钮，电动机启动运行；过一段时间后，指示灯亮。按下停车按钮，电动机停车，指示灯灭。

3）如果电路工作出现异常，应断开电源后，查找原因。

2．电动机的行程控制

1）行程控制的主电路如图 4.2.3（a）所示，即电动机正/反转的主电路，控制电路如图 4.3.2 所示。

2）按下行程开关，模拟工作台碰撞行程开关的现象。

3）确定电路接线无误后，接通电源开关。按下启动按钮，电动机正转，工作台前进。按下行程开关 SQ_b，电动机反转，工作台后退。按下行程开关 SQ_a，电动机再次正转，实现了工作台的往复运动。按下停车按钮，电动机停车。

4）如果电路工作出现异常，应断开电源后，再查找原因。

（二）扩展实验内容及步骤

1）按预习要求设计的电路完成接线。

2）确定电路接线无误后，接通电源开关。按下左移按钮，电动机正转，工作台前进。按下行程开关 SQ_b，电动机停车 2 分钟后，自动反转，工作台后退。按下行程开关 SQ_a，电动机停车。

3）如果电路工作出现异常，应断开电源后，再查找原因。

七、实验注意事项

1．要按照主电路和控制电路分别连接、检查的原则去接线、查线。

2．本电路为强电实验，在连接、检查、拆线的过程中一定要断电操作。

3．电动机在运转时，为了确保安全，请勿触碰电动机转动的部分。

4.4　三相异步电动机的 Y-△ 启动控制

一、实验目的

1．掌握 Y-△ 降压启动控制电路的工作原理及设计方法。

2．能够根据设计电路完成线路的连接。

3．进一步理解短路保护、过载保护和零压保护的原理及实现方法。

二、实验任务（建议学时：2 学时）

（一）基本实验任务

1．完成手动控制的 Y-△ 降压启动控制电路的连接，测量电路参数。

2．完成接触器控制的 Y-△ 降压启动控制电路的连接，测量电路参数。

3．利用通电延时的时间继电器实现 Y-△ 自动换接的降压启动，验证电路功能。

（二）扩展实验任务

利用断电延时的时间继电器实现 Y-△ 自动换接的降压启动。

三、基本实验条件

（一）仪器仪表

交流电流表	1 个
交流电压表	1 个

（二）器材元器件

三相空气开关	1 个
三刀双掷开关	1 个
三相熔断器	3 个
交流接触器	3 个
热继电器	3 个
按钮	若干
通电延时的时间继电器	1 个
断电延时的时间继电器	1 个
三相异步电动机	1 台

四、实验原理

（一）基本实验任务

三相异步电动机的直接启动只适用于小容量的电动机，为了减小启动电流，当电动机容量在 10kW 以上时，应采用降压启动。但采用降压启动的同时，启动转矩将减小，故适用于启动转矩要求不高的场合。

对于正常时定子绕组采用三角（△）形连接的电动机，可以采用 Y-△ 降压启动，或者采用在定子绕组电路中串联电阻或电抗的方法，目的都是减小启动时加在电动机定子绕组上的电压，以限制启动电流，而在启动以后再将电压恢复至额定值，电动机进入正常运行。电动机 Y-△ 降压启动常用的控制电路如下。

1．手动控制的 Y-△ 降压启动

利用一个三刀双掷开关，按图 4.4.1 电路连接，可以实现手动控制的 Y-△ 降压启动。当开关 Q_2 合向下方时，电动机采用星（Y）形连接启动；当电动机的转速接近于额定转速时，将 Q_2 合向上方，电动机采用△形连接正常运行。

2．接触器控制的 Y-△ 降压启动

利用三个接触器和三个按钮组成的 Y-△ 降压启动控制电路如图 4.4.2 所示。

从主回路中看，当接触器 KM_1 和 KM_2 的主触点闭合，KM_3 主触点断开时，电动机三相定子绕组采用 Y 形连接；而当接触器 KM_1

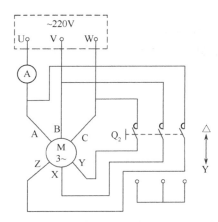

图 4.4.1　手动控制的 Y-△降压启动控制电路

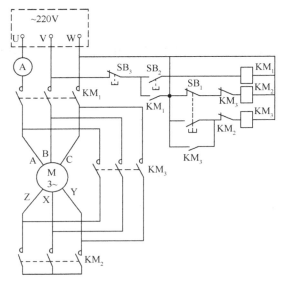

图 4.4.2　接触器控制的 Y-△降压启动控制电路

和 KM_3 的主触点闭合，KM_2 主触点断开时，电动机三相定子绕组采用△形连接。因此电动机启动时，应使 KM_1 和 KM_2 先通电，KM_3 断电，过一段时间后，使 KM_1 和 KM_3 通电，KM_2 断电。

控制电路实现的控制过程为：

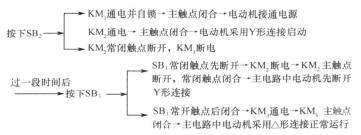

3. 利用通电延时的时间继电器实现 Y-△自动换接的降压启动

如图 4.4.3 所示，在主回路中，当接触器 KM_1 和 KM_2 的主触点闭合，KM_3 主触点断开时，电动机三相定子绕组采用 Y 形连接；而当接触器 KM_1 和 KM_3 的主触点闭合，KM_2 主触点断开时，电动机三相定子绕组采用△形连接。因此在控制电路中，电动机启动时，应使 KM_1 和 KM_2 先通电，KM_3 断电，过一段时间后，自动实现 KM_2 先断电，KM_1 和 KM_3 后通电，则电动机就能在降压启动后自动换接到正常运行的电路中。

其控制电路实现的控制过程为：

延长一段时间后 → KT延时断开的常闭触点先断开→KM₂断电→KM₂主触点断开，常闭触点闭合→主电路中电动机先断开Y形连接

KT延时闭合的常开触点后闭合→KM₃通电并自锁→主触点闭合→主电路中电动机采用△形连接正常运行

KM₃常闭触点断开→KT断电

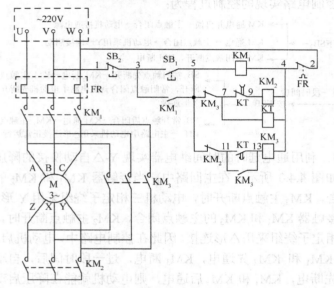

图 4.4.3 利用时间继电器实现 Y-△自动换接的降压启动

（二）扩展实验任务

利用断电延时的时间继电器实现 Y-△自动换接降压启动。

五、实验预习要求

1．说明电动机 Y-△降压启动的工作原理。

2．Y-△降压启动与△形连接的电动机直接启动相比有什么优点？

3．如果电动机应采用△形连接而误接为 Y 形连接，或者应采用 Y 形连接而误接成△形连接，其后果将如何？

4．完成实验报告中实验内容的预习部分。

六、实验指导

（一）基本实验内容及步骤

1．手动控制的 Y-△降压启动

按图 4.4.1 电路接线。

1）将开关 Q_2 合向上方，使电动机采用△形连接。

2）合上三相空气开关，将电动机接通 220V 交流电源，观察电动机采用△形连接直接启动时，电流表的最大读数：

$I_{\triangle S}=$＿＿＿＿＿＿A。

3）断开三相空气开关，切断电动机电源，待电动机停稳后，将开关 Q_2 合向下方，使电动机采用 Y 形连接。

4）合上三相空气开关，将电动机接通 220V 交流电源，观察电动机采用 Y 形连接启动时，电流表的最大读数：

$I_{YS}=$＿＿＿＿＿＿A。

5）当电动机接近正常转速时，将 Q_2 合向上方，使电动机以△形连接正常运行。

6）如果电路工作出现异常，应断开电源后，查找原因。实验完毕后，切断电源。

2．接触器控制的 Y-△降压启动

按图 4.4.2 电路接线，先接主电路，后接控制电路，并仔细核查所连电路。

1）合上三相空气开关，将电动机接 220V 交流电源。

2）按下启动按钮 SB_2，电动机以 Y 形连接启动，注意观察并记录启动时，电流表的最大读数：

$I_{YS}=$＿＿＿＿＿＿A。

3）过一段时间后，当电动机的转速接近正常转速时，按下按钮 SB₁，使电动机以△形连接正常运行。

4）按下停车按钮 SB₃，电动机断电停车。

5）先按下按钮 SB₁，再按下按钮 SB₂，松开按钮后，观察并记录电动机以△形连接直接启动时，电流表的最大读数：

$I_{\triangle s}=$＿＿＿＿＿＿A。

6）如果电路工作出现异常，应断开电源后，查找原因。实验完毕后，切断电源。

3．利用通电延时的时间继电器进行 Y-△自动换接的降压启动

按图 4.4.3 电路接线，先接主电路，后接控制电路，并仔细核查所连电路。

1）合上三相空气开关，将电动机接通 220V 交流电源。

2）按下按钮 SB₁，观察电动机的整个启动过程，以及各电器的动作情况，记录 Y-△降压启动所需要的时间为＿＿＿＿s。

3）按下停车按钮 SB₂，使电动机停车。

4）调节时间继电器的整定时间，观察 Y-△自动换接降压启动所需要的时间是否发生改变，记录新的降压启动的时间为

＿＿＿＿s。

5）如果电路工作出现异常，应断开电源后，查找原因。实验完毕后，切断电源。

（二）扩展实验内容及步骤

1）按预习要求设计的电路完成连线。

2）确定电路接线无误后，接通电源开关。

3）按下启动按钮，电动机以 Y 形连接启动，过一段时间后，以△形连接正常运动，记录 Y-△降压启动所需要的时间＿＿＿＿s。

4）如果电路工作出现异常，应断开电源后，再查找原因。实验完毕后，切断电源。

七、实验注意事项

1．要按照主电路和控制电路分别连接、检查的原则去接线、查线。

2．为了避免定子绕组切换时产生电火花，控制电路的设计应保证三相定子绕组从 Y 形连接换成△形连接时，在主电路断电的状态下进行切换。

3．本电路为强电实验，在连接、检查、拆线的过程中一定要断电操作。

4．电动机在运转时，为了确保安全，请勿触碰电动机转动的部分。

4.5　西门子 LOGO!控制电路的设计

一、实验目的

1. 熟悉西门子 LOGO!的硬件特征。
2. 掌握利用 LOGO!进行控制电路设计的方法。
3. 了解 LOGO!的编程软件及简单的使用方法。

二、实验任务（建议学时：4 学时）

（一）基本实验任务

1. 利用 LOGO!实现电动机的启/保/停控制：手动输入实验中给出的示例程序，并根据给出的 I/O 分配表完成外部的接线，接通电源，测试电路的控制功能。

2. 利用 LOGO!实现电动机的顺序控制，实现以下控制功能：

①按下启动按钮 S_1，电动机 M_1 启动并自锁，指示灯 H_1 点亮。

②当电动机 M_1 启动后，按下启动按钮 S_2，电动机 M_2 启动并自锁，指示灯 H_2 点亮。

③按下停车按钮 S_3，两台电动机全部停车，指示灯 H_1、H_2 同时熄灭。

④电动机 M_2 仅在电动机 M_1 启动后才能启动。

请自行设计 LOGO!控制程序，写出 I/O 分配表，手动输入到 LOGO!中，并根据 I/O 分配表完成外部接线，接通电源，测试电路功能。

（二）扩展实验任务

利用 LOGO!实现电动机的正/反转控制。

三、基本实验条件

（一）仪器仪表

西门子 LOGO!	1 个
LOGO! PC 电缆	1 根
计算机	1 台
三相异步电动机	2 台

（二）器材元器件

控制开关	若干
交流接触器	2 个
指示灯	2 个

四、实验原理

（一）基本实验任务

1. LOGO!概述

LOGO!是西门子公司推出的一款微型可编程控制器，是西门子小型自动化产品的重要组成部分，是介于传统继电器和 PLC 之间的一种革新产品。

在 LOGO!出现之前，自动化控制系统多数只能采用继电器控制或 PLC 控制实现。采用继电器控制，其控制功能不易更改且接线烦琐；而采用 PLC 控制，控制功能虽然可以方便地修改，但成本相对高。随着工业控制对自动化产品的要求越来越高，促使人们在 PLC 和继电器之间寻求一种更为理想的产品。

为顺应市场发展的需求，1996 年，西门子公司开发了一个新的产品系列 LOGO!。

LOGO!采用模块化设计，分为本机模块、数字量模块、模拟量模块和通信模块。在工程应用中，可以很方便地通过模块扩展实现控制功能。

LOGO!内部不仅集成了各种继电器的功能，还具有很多特殊功能，如模拟量计算、PWM 输出及比例积分等。

LOGO!的编程软件 LOGO! Soft Comfort，支持功能图和梯形图两种编程语言。

2．利用 LOGO!实现电动机的启/保/停控制

1）电动机启/保/停控制要求

①按下启动按钮 S_1，电动机启动并自锁。

②按下停车按钮 S_2，电动机停车。

2）编写电气控制程序

根据控制要求，编写能够满足条件的电气控制程序，如图 4.5.1 所示。

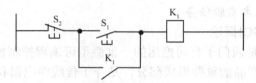

图 4.5.1　电动机启/保/停电气控制程序

3）I/O 分配表

电动机启/保/停控制的 I/O 分配表如表 4.5.1 所示。

表 4.5.1　电动机启/保/停控制的 I/O 分配表

输入/输出点	标志	注释	开关状态
I_1	S_1	启动按钮	常开
I_2	S_2	停车按钮	常闭
Q_1	K_1	接触器线圈	

4）将电气控制程序转化为 LOGO!控制程序

使用功能图语言将电气控制程序转化为 LOGO!控制程序的步骤如下。

①按输出的个数 N，将电气控制程序分解为 N 段独立的控制程序。因为本示例中只有一个输出 K_1，因此不需要进行分解。

②在每条支路中，将与输出相串联的控制元件分块（并联部分视为一块），如图 4.5.2 所示。

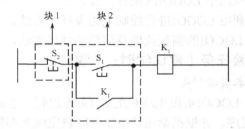

图 4.5.2　电动机启/保/停电气控制程序分块图

③按照 I/O 分配表，将电气控制程序从输出到输入转换为 LOGO!控制程序。

在 LOGO!功能图编程模式下，先将输出放到编程区域，再将各支路中的块用"与"逻辑与输出相连，块内并联的部分用"或"逻辑连接到"与"逻辑的输入。若块内无"或"逻辑，则直接连接到"与"逻辑的输入。

如图 4.5.3 所示，首先将输出 Q_1 放到编程区域，将块 1 和块 2 通过与门将输出连接到 Q_1；块 2 中的 I_1 和 Q_1 通过或门将输出连接到"与门"的输入，块 1 中的 I_2 直接连接与门的输入。

5）控制器的选型与硬件接线

LOGO!的硬件接线图，如图 4.5.4 所示。

6）电动机启/保/停控制主电路如图 4.5.5 所示。

（二）扩展实验任务

1．了解 LOGO!的编程软件 LOGO! Soft Comfort 的基本使用

LOGO! Soft Comfort 是西门子公司 LOGO!的用户程序编辑软

件，它支持两种编程语言：功能图和梯形图，非常适合有电工基础及数字电子基础的技术人员使用。

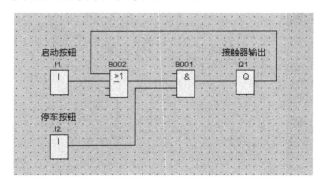

图 4.5.3　电动机启/保/停控制的 LOGO!程序

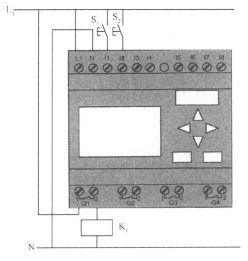

图 4.5.4　LOGO!的硬件接线图

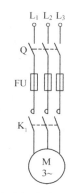

图 4.5.5　电动机启/保/停控制主电路

通过该软件可以在个人计算机上编辑和仿真 LOGO!程序，通过适配器电缆将程序下载到 LOGO!中。

LOGO! Soft Comfort 软件的编程界面，如图 4.5.6 所示。

2．常用工具

⬆：连线。该工具用于连接块，将功能块的输出与另一功能块的输入相连。使用该工具时，应先激活工具，按住鼠标左键进行连线。

⬛：常量/连接器。该工具包含以下内容：

| I | C | F | S | lo | hi | Q | X | M | AI | AQ | AM |

⬛：基本功能块。该工具包含以下内容：

| & | &↑ | &↓ | &↓ | ≥1 | ≥1↓ | =1 | 1↓ |

⬛：特殊功能块。该工具包含以下内容：

：仿真。对编写好的程序使用软件仿真。

：在线测试。用电缆连接 LOGO!和个人计算机，当 LOGO!运行时，对 LOGO!的运行状态进行在线检测调试。

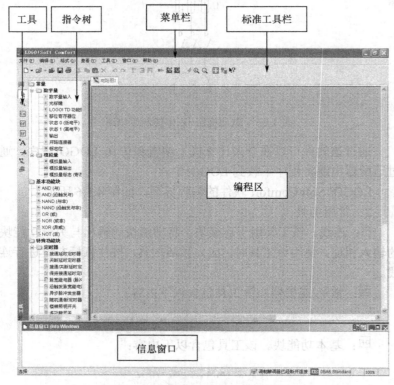

图 4.5.6 LOGO!Soft Comfort 的界面

1．利用 LOGO!Soft Comfort 编程软件编写 LOGO!控制程序的方法和步骤。

2．用继电器—接触器和 LOGO!都可以对电动机进行控制，简述各自的优缺点。

3．完成实验报告中实验内容的预习部分。

六、实验指导

（一）基本实验内容及步骤

1．利用 LOGO!实现电动机的启/保/停控制

1）LOGO!主机上电。

2）将如图 4.5.3 所示的程序手动输入 LOGO!中。

3）按 I/O 分配表，将各器件与 LOGO!主机连接好，连接电路如图 4.5.4 所示。

4）接好主电路，如图 4.5.5 所示。

5）运行程序，进行下列操作，并观察运行结果。

①按下启动按钮 S_1，观察电动机的启动，并自锁。

②按下停车按钮 S_2，观察电动机的停车情况。

2．利用 LOGO!实现电动机的顺序控制

1）LOGO!主机上电。

2）将预习要求中的程序手动输入 LOGO!中。

3）按 I/O 分配表，将接触器的线圈和指示灯与 LOGO!主机连接好。

4）接好主电路。

5）运行程序，进行下列操作，并观察运行结果。

①按下启动按钮 S_1，电动机 M_1 启动并自锁，指示灯 H_1 点亮。

②当电动机 M_1 启动后，按下启动按钮 S_2，电动机 M_2 启动并自锁，指示灯 H_2 点亮。

③按下停车按钮 S_3，两台电动机全部停车，指示灯 H_1、H_2 同时熄灭。

④电动机 M_2 仅在电动机 M_1 启动后才能启动。

（二）扩展实验内容及步骤

利用 LOGO!Soft Comfort 编程软件编写电动机的正/反转控制程序，并下载运行。

1）使用 LOGO!Soft Comfort 编程软件编写电动机正/反转控制程序。

2）使用仿真的功能，模拟程序的运行。

3）检查程序无误后，将程序下载到 LOGO!主机中。

4）接通外电路，观察程序的执行结果。

七、实验注意事项

1．按照要求正确接线。

2．使用时注意接触器线圈的额定电压。

3．连接电动机时要通过接触器进行电动机控制，一定要断电操作。

4.6 PLC 应用基础

一、实验目的

1．熟悉 S7-200 PLC 的外部硬件特征。

2．熟悉 STEP 7-Micro/WIN 软件的使用。

3．会编写简单的 PLC 梯形图程序并进行下载和监视。

二、实验任务（建议学时：4 学时）

（一）基本实验任务

1．熟悉 S7-200 PLC 的外部硬件特征，以及 STEP 7 Micro/WIN 软件的编程方法。

2．编写一个电动机启/保/停控制程序，将程序下载到 PLC 中，观察执行结果。

（二）扩展实验任务

编写一个周期为 2 秒的闪烁电路的控制程序，并下载到 PLC 中，执行程序。

三、基本实验条件

西门子 S7-200 PLC CPU224XP	1 台
USB/PPI 电缆	1 根
计算机或编程器	1 台

四、实验原理

（一）基本实验任务

1．PLC 概述

可编程控制器是一种以中央处理器为核心，综合了计算机和自动控制等先进技术发展起来的工业控制器。可编程控制器是一种数字运算操作的电子系统，专为在工业环境下应用而设计。它采用了可编程序的存储器，用来在其内部存储执行逻辑运算、顺序控制、定时、计数和算术操作等面向用户的指令，并通过数字式或模拟式的输入和输出，控制各种类型的机械或生产过程。不同品牌的 PLC，其结构、工作原理与应用领域大同小异。

PLC 提供的编程语言通常有三种：梯形图、指令表和顺序功能流程图。梯形图是在继电器控制系统中常用的接触器—继电器电路图基础上演变而来的，直观易懂。指令表类似于计算机中的助记符语言，是可编程控制器最基础的编程语言。指令表与梯形图有一定的对应关系。不同厂家，其 PLC 的指令系统不尽相同。顺序功能流程图是一种较新的编程方法，它的作用是用功能图表示一个控制过程。

可编程控制器的基本指令包括：基本输入/输出指令，基本逻辑运算指令、堆栈指令、定时计数指令等。本实验通过对这些基本指令的应用，进一步熟悉可编程控制器的使用方法。

2．PLC 基本编程原则

1）继电器触点的使用

输入/输出继电器、内部辅助继电器、定时器、计数器等的触点可以无限制重复使用。

2）梯形图的母线

梯形图的每行都从左边母线开始，继电器线圈或指令符号接在最右边。S7-200 PLC 右边的母线未画出。

3）指令的输入与输出

必须有能流输入才能执行的功能块或线圈指令称为条件输入指令，它们不能直接连接到左边母线上。如果需要无条件执行这些指令，可以用接在左边母线上的 SM0.0 常开触点来驱动它们。

有些线圈或功能块的执行与能流无关。例如，标号指令 LBL 和顺序控制指令 SCR 等，称为无条件输入指令，应将它们直接接在左边母线上。

不能级联的指令块没有 ENO 输出端和能流流出。例如，JMP、CRET、LBL、NEXT、SCR 和 SCRE 等属于这类指令。

触点比较指令没有能流输入时，输出为 0；有能流输入时，输出与比较结果有关。

4）程序的结束

S7-200 PLC 在程序结束时默认有 END、RET、RETI 等指令，用户不必输入。

5）尽量避免双线圈输出

使用线圈输出指令时，同一编号的继电器线圈在同一程序中使用两次以上，称为双线圈输出。双线圈输出容易引起误动作或逻辑混乱，因此一定要慎重。

3．STEP 7-Micro/WIN 软件的操作界面简介

STEP 7-Micro/WIN 是运行于 Windows 操作平台上的 S7-200 PLC 的编程软件，图 4.6.1 为 STEP 7- Micro/WIN 软件的界面。用户在程序区输入程序代码，通过指令树选择需要的指令，对编写的程序进行编译，在输出区将会输出编译结果，对用户进行提示。另外，用户还可以在局部变量表中定义局部变量。

用户编写的程序以项目（Project）的形式进行管理。项目包括下列基本组件。

1）程序块

程序块由可执行的代码和注释组成，可执行的代码由主程序（OB1）、可选的子程序和中断程序组成。代码被编译并下载到 PLC 中，注释被忽略。

2）数据块

数据块由数据（变量存储器的初始值）和注释组成。数据被编译并下载到 PLC 中，注释被忽略。

3）系统块

系统块用来设置系统的参数，例如存储器的断电保持范围、密码、STOP 模式下 PLC 的输出状态（输出表）、模拟量与数字量输入滤波值、脉冲捕捉位等。系统块中的信息需要下载到 PLC 中。如果没有特殊的要求，一般可以采用默认的参数值。

4）符号表

符号表允许程序员用符号来代替存储器的地址，符号地址便于记忆，使程序更容易理解。程序编译后下载到 PLC 中，所有的符号地址被转换为绝对地址，符号表中的信息不会下载到 PLC 中。

5）状态表

状态表用来观察程序执行时指定的内部变量的状态。状态表并不下载到 PLC 中，仅仅是监控用户程序运行情况的一种工具。

图 4.6.1　STEP 7-Micro/WIN 软件的界面

6）交叉引用表

交叉引用表，列举出程序中使用的各个操作数在哪个程序块的哪个网络中出现，以及使用它们的指令的助记符。另外，还可以查看哪些内存区域已经被使用，是作为位使用还是作为字节使用。在运行模式下编辑程序时，可以查看程序当前正在使用的跳变触点的编号。交叉引用表并不下载到 PLC 中，程序编译成功后才能看到交叉引用表的内容。在交叉引用表中双击某个操作数，可以显示出包含该操作数的那部分程序。

以上各组件可以通过双击图 4.6.1 浏览区中的相应对象来进行访问，或者单击指令树中"项目 1"目录下的各选项来打开相应的组件。通过浏览区右键快捷菜单命令，可隐藏或显示该区域。

4．PLC 与计算机通信的设置

右击指令树中"项目 1"目录下的 CPU 类型，出现如图 4.6.2 所示的对话框，在此可以选择 CPU 类型。设置完成后，单击"读取 PLC"按钮即可获取 CPU 类型。如果出现错误提示，则说明通信有问题，需要进行检查。

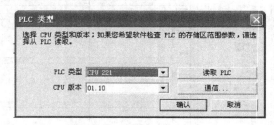

图 4.6.2　设置 CPU 类型

在正确连接计算机和 PLC 之后，设置通信参数的步骤如下。

1）单击图 4.6.2 中的"通信"按钮，打开如图 4.6.3 所示的对话框。

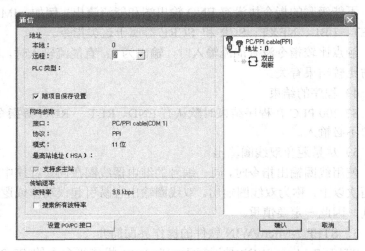

图 4.6.3　"通信"对话框

2）图 4.6.3 左边为通信参数，"地址"栏中的"远程"指的是 PLC 的地址，默认为 2。

3）如果硬件连接和通信参数设置正确，则双击图 4.6.3 右边的"双击刷新"区域，将自动搜索远程 PLC，并在下面进行显示。若提示没有找到，可以勾上图 4.6.3 左边"搜索所有波特率"复选框再进行搜索。若还未找到，则需要检查硬件和修改通信参数。

4）单击图 4.6.3 左边的"设置 PG/PC 接口"按钮或者双击图 4.6.3 右边上面的"PC/PPI cable（PPI）"区域，打开如图 4.6.4 所示的对话框。

5）单击图 4.6.4 中的 Properties 按钮，打开 PC/PPI cable 的属性对话框，如图 4.6.5 所示。其中，PPI 选项卡中的参数保持为默认值。单击 Local Connection 选项卡，选择 PPI 电缆的接口类型。连接计算机和 PLC 的 PPI 电缆有 RS-232 和 USB 两种接口。对于 RS-232 接口的 PPI 电缆，要设置 PPI 电缆上的 DIP 开关。

图 4.6.4　设置 PG/PC 接口

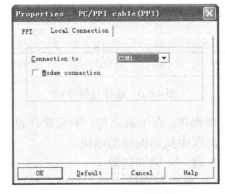

图 4.6.5　设置 PPI 电缆接口

5．编写 PLC 程序的步骤

1）创建一个项目或打开一个已有的项目

执行菜单命令"文件"→"新建"或单击工具栏最左边的"新建项目"按钮，可以生成一个新的项目。执行菜单命令"文件"→"另存为"可以修改项目的名称和项目文件所在的目录。执行菜单命令"文件"→"打开"或单击工具栏中的"打开"按钮，可以打开已有的项目。项目存放在扩展名为.mwp 的文件中。

2）设置 CPU 类型

在如图 4.6.2 所示对话框中设置 CPU 类型。如果指定了 CPU 类型，则指令树中带红色标记"×"的指令对选择的 PLC 无效。

3）选择编程语言和指令集

执行菜单命令"工具"→"选项"，在打开对话框的"一般"选项卡中，可以选择界面语言和默认的程序编辑器的类型（LAD、STL 和 FBD），还可以选择使用 Simatic 指令集或 IEC 61131-3 指令集。用户在编程过程中可以执行菜单命令"查看"→"LAD、STL 和 FBD"来进行编程语言的切换。

4）确定程序结构

较简单的数字量控制程序，一般只有主程序（OB1）。系统较大、功能复杂的程序，除了主程序，可能还有子程序、中断程序和数据块。

主程序在每个扫描周期被顺序执行一次。子程序的指令存放在独立的程序块中，仅在被别的程序调用时才执行。中断程序的指令也存放在独立的程序块中，用来处理预先规定的中断事件，在中断事件发生时由操作系统调用中断程序。

5）编写符号表

符号表用符号地址代替存储器的地址，便于记忆。

6）编写数据块

数据块对变量存储器进行初始数据赋值。数字量控制程序一般不需要数据块。

7）编写用户程序

接下来，用选择的编程语言编写用户程序。梯形图程序被划分为若干个网络，一个网络中只能有一块独立电路。有时一条指令（例如 SCRE）也算一个网络。如果一个网络中有两块独立电路，在编译时将会显示"无效网络或网络太复杂无法编译"。

生成梯形图程序时，单击工具栏中的"触点"按钮，在矩形光标所在的位置放置一个触点，在出现的对话框中可以选择触点的类型，也可以用键盘输入触点的类型。单击触点上面或下面的红色问号，可以设置该触点的地址或其他参数。可以用相同的方法在梯形图中放置线圈和功能块。单击工具栏中"连接"按钮，可以在矩形光标处生成触点间的连线。

双击梯形图中的网络编号，选中整个网络（背景变黑）后，可以删除或用剪贴板复制、粘贴网络中的程序。用光标（细线组成的方框）选中梯形图中某个编程元件后，可以删除或用剪贴板复制、粘贴它。

语句表允许将若干个独立电路对应的语句放在一个网络中，但是这样的语句表不能转换为梯形图。

8）注释与符号信息表

可以用工具栏中的按钮或"查看"菜单中相应的命令打开或关闭 POU（程序组织单元）注释、网络注释和符号表。符号表中列出了网络中使用的符号地址的有关信息，如图 4.6.6 所示。未显示网络注释时，可以在网络的标题行输入信息。

9）编译程序

选择"PLC"菜单中的命令或单击工具栏中的"编译"或"全部编译"按钮，可以分别编译当前打开的程序或全部的程序。编译后，在屏幕下部的输出区中将显示程序中语法错误的条数、错误的原因和错误在程序中的位置。双击某条错误，将会显示程序区中该错误所在的网络。必须改正程序中所有的错误，才能编译成功，之后才能下载程序。

符号	地址	注释
Alarm_power_switch	M3.2	M3.2=1,salinity power ON I1.0
condesation_pump	M0.2	DO
CONP_lamp_off	M1.0	DO
CONP_lamp_on	M0.7	DO
FWG_power_swith	M2.3	I0.4
FWG_seapump	M0.3	DO
SeaP_lamp_off	M0.6	DO
SeaP_lamp_on	M0.5	DO
接通	M3.1	I1.2 (button) ON V1.1=V1173.1

网络 2　主机海水、淡水泵

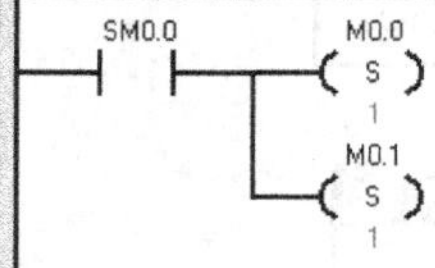

符号	地址	注释
ME_FWP	M0.0	DO
ME_SWP	M0.1	DO

图 4.6.6　注释与符号表

如果没有编译程序，在下载之前，编程软件将会自动对程序进行编译，并在输出区中显示编译的结果。

10）程序的下载、上载和清除

计算机与 PLC 建立起通信连接，且用户程序编译成功后，可以将它下载到 PLC 中。单击工具栏中的"下载"按钮，或执行菜单命令"文件"→"下载",打开"下载"对话框。用户可以选择是否下载程序块、数据块和系统块等。下载应在 STOP 模式下进行。下载时,CPU 可以自动切换到 STOP 模式,根据提示进行操作。如果 STEP 7-Micro/WIN 中设置的 CPU 类型与实际的类型不符,将出现警告信息,应修改 CPU 类型后再下载。

可以从 PLC 上载程序块、系统块和数据块到编程软件中,也可以只上载上述的部分块,但是不能上载符号表或状态表。

上载前,应在 STEP 7-Micro/WIN 中建立或打开保存从 PLC 上载的块的项目,最好用一个新建的空项目来保存上载的块,以免项目中原有的内容被上载的信息覆盖。单击工具栏中的"上载"按钮,或执行菜单命令"文件"→"上载",开始上载过程。

6. 程序状态功能的使用

将程序下载到 PLC 中后,执行菜单命令"调试"→"程序状态",或单击工具栏中的"程序状态"按钮,可以监视程序运行的情况。

执行菜单命令"调试"→"使用执行状态",进入执行状态,该命令行的前面出现一个"√"。在这种状态下,只有 PLC 处于 RUN 模式时才刷新程序段中的状态值。

对于梯形图程序,在 RUN 模式下启动程序状态功能后,将用颜色显示出梯形图中各元件的状态,如图 4.6.7 所示。左边的垂直"电源线"和与它相连的水平"导线"变为蓝色。如果位操作数为1(为 ON),则其常开触点和线圈变为蓝色,它们中间出现蓝色方块,有能流输入的"导线"也变为蓝色。如果有能流输入方框指令的 EN(使能)输入端,且该指令被成功执行,则方框指令的方框变为蓝色。当定时器和计数器的方框为绿色时,表示它们包含有效数据;红色方框表示执行指令时出现了错误;灰色方框表示无能流、

指令被跳过、未调用或 PLC 处于 STOP 模式。

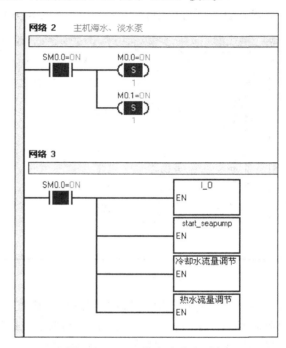

图 4.6.7　PLC 的程序状态功能

(二)扩展实验任务

1. 使用状态表监视与调试程序

如果需要同时监视的变量不能在程序编辑器中同时显示,则可以使用状态表的监视功能。在程序运行时,可以用状态表来读、写、强制和监视 PLC 的内部变量。单击图 4.6.1 指令树中的"状态表"项或浏览区中的"状态表"按钮,或执行菜单命令"查看"→"状

态表"，均可打开状态表，并对它进行编辑，如图 4.6.8 所示。如果项目中有多个状态表，则可以用状态表底部的选项卡切换。

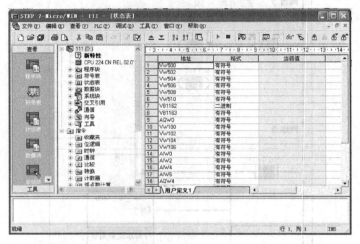

图 4.6.8　状态表

未启动状态表的监视功能时，可以在状态表中输入要监视的变量的地址和数据类型。定时器和计数器可以分别按位或按字监视。如果按位监视，则显示的是它们的输出位的 ON/OFF 状态；如果按字监视，则显示的是它们的当前值。

可以创建几个状态表，分别监视不同的元件组。右击指令树中的"状态表"项或右击已经打开的状态表，执行右键快捷菜单中的命令可以插入新的状态表。

执行菜单命令"调试"→"开始状态表监控"或单击工具栏中的"状态表"按钮，可以启动状态表的监视功能。在状态表的"当前值"列中将会出现从 PLC 中读取的动态数据。状态表的监视功

能启动后，编程软件从 PLC 收集状态信息，并对表中的数据更新，这时还可以强制修改状态表中的变量。用二进制位方式监视字节、字或双字，可以在一行中同时监视 8 点、16 点或 32 点位变量。

没有启动状态表监视时，执行菜单命令"调试"→"单次读取"或单击工具栏中的"单次读取"按钮，可以从 PLC 中收集当前的数据，并在状态表的"当前值"列中显示出来，执行用户程序时并不对其进行更新。要连续收集状态表信息，应启动状态表的监视功能。

执行菜单命令"查看"→"查看趋势图"，可以在状态表的表格视图和趋势视图之间切换，还可以通过右键快捷菜单中的命令或者单击调试工具栏中的"趋势视图"按钮来进行切换。

2．使用状态表强制改变数值

在 RUN 模式下，可以对程序中的某些变量进行强制性赋值以便于程序的调试。S7-200 CPU 允许强制性地给所有的 I/O 点赋值，此外还可以改变最多 16 个内部存储器数据（V 或 M）或模拟量 I/O（AI 或 AQ）。V 或 M 可以按字节、字或双字来改变，只能从偶字节开始以字为单位改变模拟量（如 AIW6）。强制的数据永久地存储在 CPU 的 EEPROM 中。

在读取输入阶段，强制数据被当作输入读入；在程序执行阶段，强制数据用于立即读和立即写指令指定的 I/O 点；在通信处理阶段，强制数据用于通信的读写请求；在修改输出阶段，强制数据被当作输出写到输出电路中。进入 STOP 模式时，输出将变为强制数据，而不是系统块中设置的值。

通过强制 V、M、T 或 C，强制功能可以用来模拟逻辑条件。通过强制 I/O 点，可以用来模拟物理条件。当 PLC 与其他设备相连时，强制可能导致系统出现无法预料的情况，引起人员伤亡或设备

损坏，务必注意。

启动状态表的监视功能后，可以通过"调试"菜单中的命令或工具栏中与调试有关的按钮执行下列操作：强制、取消强制、取消全部强制、读取全部强制、单次读取和全部写入。右击状态表中的某个操作数，从快捷菜单中可以选择对该操作数进行强制或取消强制。

3．调试用户程序的其他方法

1）使用书签和交叉引用表

工具栏中与书签有关的按钮，可以用它们来生成和清除书签，跳转到上一个或下一个书签所在的位置。

交叉引用表中列出了程序中使用的各编程元件的所有触点、线圈等在哪个程序块的什么位置出现，以及使用它们的指令的助记符。

2）单次扫描

从 STOP 模式进入 RUN 模式，首次扫描位（SM0.1）在第一次扫描时为 1 状态。由于执行速度太快，因此在 RUN 模式下很难观察到首次扫描刚结束时 PLC 的状态。

在 STOP 模式下执行菜单命令"调试"→"第一次扫描"，PLC 进入 RUN 模式，执行一次扫描后，自动回到 STOP 模式，可以观察到首次扫描后的状态。

3）多次扫描

PLC 处于 STOP 模式时，执行菜单命令"调试"→"多次扫描"，在出现的对话框中指定程序扫描的次数（1～9999 次）。单击"确认"按钮，执行完指定的扫描次数后，自动返回 STOP 模式。

4）暂停程序状态

使用暂停程序状态功能可以保证在执行某个程序时，保持程序状态信息以供检查。

单击工具栏中的"暂停程序状态"按钮，或者在处于程序状态的程序区中右击，从快捷菜单中选择"暂停程序状态"命令，可以暂停程序状态。获得新的状态信息后，它将保持在屏幕上，直到暂停程序状态功能被关闭。再次右击，从快捷菜单中取消选择"暂停程序状态"命令可以关闭暂停程序状态功能。

五、实验预习要求

1．查找 S7-200 PLC 说明书，简述其外部硬件特性。

2. 描述如图 4.6.9 所示的程序，判断该程序是否能正常运行。如果有错，应如何修改？

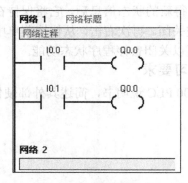

图 4.6.9　梯形图程序

3. 完成实验报告中实验内容的预习部分。

六、实验指导

（一）基本实验内容及步骤

1. PLC 使用基础

1）打开 STEP 7-Micro/WIN 软件，熟悉其操作界面。

2）正确设置 PLC 与计算机通信的相关参数。

2. 编写和调试电动机启/保/停控制程序

1）在主程序中输入电动机启/保/停控制程序。

2）编译程序。

3）编译通过后，将 PLC 设置为 STOP 模式，下载程序。

4）将 PLC 设置为 RUN 模式，运行程序，观察运行结果。

5）打开程序状态功能，观察程序的执行。

（二）扩展实验内容及步骤

1. 编写一个周期为 2 秒的闪烁电路的控制程序

1）在主程序中输入闪烁电路的控制程序。

2）编译程序。

3）编译通过后，将 PLC 设置为 STOP 模式，下载程序。

4）将 PLC 设置为 RUN 模式，运行程序，观察运行结果。

2. 状态表及交叉引用的使用练习

使用闪烁电路的控制程序，进行以下练习：

1）打开状态表，输入输出点的地址，单击工具栏中的"状态表"按钮，动态监控当前输出点的值。

2）单击工具栏中的"趋势视图"按钮，查看输出点的波形。

3）练习其他状态表相关按钮的功能。

4）打开交叉引用表，查看程序中使用的各编程元件的所有触点、线圈在程序块中的位置。

七、实验注意事项

1. 正确设置计算机与 PLC 通信的参数。

2. 下载程序时，PLC 应设置为 STOP 模式。

3. 调试程序时，应退出在线监控模式。

4.7 PLC 应用设计

一、实验目的

1. 进一步熟悉 STEP 7-Micro/WIN 编程软件。
2. 进一步熟悉 PLC 的基本指令。
3. 进一步熟悉 PLC 的各种调试工具。

二、实验任务（建议学时：4 学时）

（一）基本实验任务

1. 用 PLC 实现三相异步电动机的直接启/停控制。要求有短路、零压和过载保护。

提示：为了模拟电动机过载，可以用按钮的触点代替热继电器的触点；熔断器接在主电路里；用两个按钮进行启/停操作。

2. 用 PLC 实现：白炽灯先亮，延时 8 秒后，电动机自行启动的时间控制。要求用两个按钮进行启/停操作。

3. 用 PLC 实现电动机正/反转控制。要求正/反转要有互锁，电动机在正转过程中欲反转，必须先停车才能反转。用 3 个按钮进行启/停和正/反转操作。

（二）扩展实验任务

用 PLC 实现交通灯的控制。

提示：开关闭合后，东西方向绿灯亮 10 秒后闪烁 3 秒灭；之后，黄灯亮 2 秒后灭；红灯亮 20 秒后灭。对应东西方向绿灯亮时，南北方向红灯亮 15 秒后灭，南北方向绿灯亮 15 秒后闪烁 3 秒灭；之后，黄灯亮 2 秒后灭，循环进行。

三、基本实验条件

西门子 S7-200 PLC CPU224XP	1 台
USB/PPI 电缆	1 根
计算机或编程器	1 台
三相异步电动机	1 台
TVT-90 可编程序控制器训练装置	1 套
TVT90HC-3 交通灯控制模块	1 个
控制开关	若干

四、实验原理

（一）基本实验任务

1. PLC 应用系统设计的步骤

在掌握了 PLC 的基本工作原理、编程指令和编程方法的基础上，可结合实际问题进行 PLC 应用控制系统的设计。PLC 应用控制系统设计的流程图，如图 4.7.1 所示。

1）分析控制对象，确定控制内容

①深入了解和详细分析控制对象（生产设备和生产过程）的工作原理及工艺流程，画出详细的工作流程图。

②列出该控制系统应具备的全部功能和控制范围。

③编制控制方案并保证系统简单、经济、安全、可靠。

2）硬件设计

硬件设计包括 PLC 的选择、控制柜的设计及布线等内容。PLC 型号选择的基本原则就是在满足控制功能要求的前提下，保证系统可靠、安全、经济及使用维护方便。一般需考虑 I/O 点数、用户程序存储器的存储容量、响应速度、输入/输出方式及负载能力等几方面的问题。

另外，需要确定各种输入设备及被控对象与 PLC 的连接方式，由什么器件完成输入信号的输入，输出信号去驱动什么执行器件，还涉及外围辅助电路及操作控制面板，画出输入/输出端子接线图，并实施具体的安装和连接。

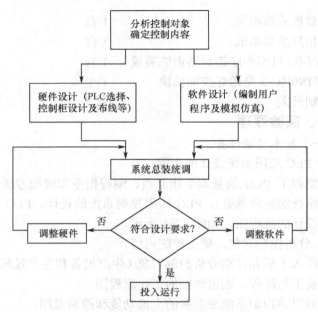

图 4.7.1　PLC 应用控制系统设计流程图

3）软件设计

软件设计根据 PLC 扫描工作方式的特点，按照被控系统的控制流程及各步动作的逻辑关系，合理划分程序模块，画出梯形图。采用前面介绍的程序设计方法对整个系统进行用户程序的编制，最好画出相关的程序结构图，做好程序的注释等内容，便于程序的调试和维护。

4）系统总装统调

编好的用户程序要进行模拟调试（可在输入端接开关来模拟输入信号，输出端接指示灯来模拟被控对象的动作），经过不断修改，达到动作准确无误后，方可接到系统中，进行系统总装统调，直到

完全达到设计指标要求。

2. 用 PLC 实现电动机控制

1）用 PLC 实现电动机的直接启/停控制

用 PLC 实现电动机的直接启/停控制的 I/O 分配表见表 4.7.1。

表 4.7.1　I/O 分配表

输　　入		输　　出	
地址	含义	地址	含义
I0.0	SB1	Q0.0	KM1
I0.1	SB2		
I0.2	FR1		

控制要求为：按下启动按钮 SB2，M1 电动机运行，按下停车按钮 SB1，电动机 M1 停止运行。按下热继电器 FR1，电机 M1 停止运行。根据控制要求所编写的梯形图程序如图 4.7.2 所示。

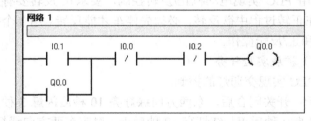

图 4.7.2　电动机的直接启/停控制的梯形图程序

2）用 PLC 实现电动机的时间控制

控制要求：按下启动按钮，白炽灯先亮，延时 8 秒后，电动机自动启动；按下停车按钮，白炽灯灭，电动机同时停车。

3）用 PLC 实现电动机正/反转控制

控制要求：按下正转启动按钮，电动机正转；按下反转启动按

钮，电动机反转；按下停车按钮，电动机停车。在电动机正转过程中欲反转，必须先停车才能反转。

（二）扩展实验任务

用 PLC 实现交通灯的控制。

控制要求：开关闭合后，东西方向绿灯亮 10 秒后闪烁 3 秒灭；之后，黄灯亮 2 秒后灭；红灯亮 20 秒后灭。对应东西方向绿灯亮时，南北方向红灯亮 15 秒后灭，南北方向绿灯亮 15 秒后闪烁 3 秒灭；之后，黄灯亮 2 秒后灭，循环进行。

五、实验预习要求

1．什么是互锁控制？

2．完成实验报告中实验内容的预习部分。

六、实验指导

（一）基本实验内容及步骤

1．用 PLC 实现电动机的直接启/停控制

1）PLC 上电。

2）将写好的程序输入 PLC 中，编译下载程序。

3）按 I/O 分配表，将各器件与 PLC 连接好。

4）接好电动机的主电路。

5）运行程序，进行下列操作，并记录现象。

①按下启动按钮，观察电动机的启动，注意 PLC 的输出显示。

②按下模拟热继电器的按钮（模拟电动机过载），观察电动机是否停车。

③重新启动电动机。在电动机运行过程中切断电源（模拟断电），待电动机停止转动后，再接通电源，观察电动机是否能自行启动。

④电动机停车。在电动机运行过程中按停车按钮，观察电动机的停车情况。

2．用 PLC 实现的时间控制

1）将写好的程序输入 PLC 中，编译下载程序。

2）按 I/O 分配表，将各器件与 PLC 连接好。

3）接好电灯和电动机的主电路。

4）运行程序，进行下列操作，并记录程序的运行结果。

①按启动按钮，观察程序的运行是否符合设计要求，并注意观察 PLC 的输出显示。

②重新启动程序，在灯亮 4 秒时断开电源（模拟断电）。待电动机停止转动后，再接好电源，按启动按钮，注意电动机启动的时

间。分析断电时定时器是否保留了当前值。

5）修改程序，使白炽灯亮 8 秒后，电动机能自行启动并运行。

6）运行程序，按下启动按钮，观察程序的运行是否符合设计要求，同时注意 PLC 的输出显示。

3．用 PLC 实现的电动机的正/反转控制

1）将写好的程序输入 PLC 中，编译下载程序。

2）按 I/O 分配表，将各器件与 PLC 连接好。

3）接好电动机的主电路。

4）运行程序，进行下列操作，并记录程序的运行结果。

①按下正转启动按钮，观察电动机的转向。在正转过程中按下反转启动按钮，观察电动机的转向是否改变。

②按下停车按钮，待电动机停止转动后，再按反转启动按钮，观察电动机的转向是否改变。

③在反转过程中按下正转启动按钮，观察电动机的转向是否改变。

（二）扩展实验内容及步骤

用 PLC 实现交通灯的控制。

1）提供 24V 电源给交通灯控制模块。

2）按照 I/O 分配表连接交通灯控制模块中的 I/O 到 PLC 的输入、输出端子。

3）将 PLC 输入端子的 1M 端子接+24V，输出端子的 1L，2L，3L 端子接 0V。

4）根据控制要求在主程序中编写交通灯控制程序，编译下载程序。

5）在训练装置模块上实现控制要求。

七、实验注意事项

1．按照要求正确接线。

2．连接电动机时要通过接触器进行电动机控制，一定要断电操作。

附录 A 实验报告

实验报告 1.1 元器件伏安特性的测量

一、实验目的

二、实验仪器及元器件（实际用到的）

三、基本实验内容

（一）线性电阻和白炽灯的伏安特性

1．预习部分

画出电路图，并标明实际电路参数，定性画出线性电阻和白炽灯的伏安特性曲线。

2．实验部分

1）实验数据

实验表 1.1.1　线性电阻和白炽灯的伏安特性数据记录

	U/V	1	2	4	6	8	10
线性电阻	I/mA						
白炽灯	I/mA						

线性电阻的伏安特性曲线：

白炽灯的伏安特性曲线：

2）实验结论

（二）二极管和稳压管的伏安特性

1．预习部分

画出电路图，并标明实际电路参数，定性画出二极管和稳压管的伏安特性曲线。

2．实验部分

1）实验数据

实验表 1.1.2　二极管和稳压管的伏安特性数据记录

二极管	正向	U/V	0					
		I/mA						
	反向	U/V	0					
		I/mA						
稳压管	正向	U/V	0					
		I/mA						
	反向	U/V	0					
		I/mA						

二极管的伏安特性曲线：

稳压管的伏安特性曲线：

2）实验结论

四、扩展实验内容

扩展实验内容的预习与实验报告，请在附页中完成。

五、实验仿真

将所有实验电路进行仿真，打印仿真电路图，附在实验报告后。

六、实验总结

记录本次实验中遇到的各种情况（例如，实验中遇到的问题、故障以及其分析和处理方法等），总结实验体会。

得分_____　评阅教师_____

附页：扩展实验任务——电压源的伏安特性

1．预习部分

画出电路图，并标明电路参数，定性画出理想电压源和实际电压源的伏安特性曲线。

2．实验部分

1）实验过程及实验数据

实验表 1.1.3 理想电压源伏安特性数据记录

I/mA	0	10	20	40	60	80
U/V						

实验表 1.1.4 实际电压源伏安特性数据记录

I/mA	0	10	20	40	60	80
U/V						

2）实验结论

实验报告 1.2　基尔霍夫定律与电位的测量

一、实验目的

二、实验仪器及元器件（实际用到的）

三、基本实验内容

1．预习部分

画出实验电路图，标明实际电路参数，将待测数据进行理论计算，填入实验表格。

2．实验部分

1）实验数据

①验证基尔霍夫定律

实验表 1.2.1　验证基尔霍夫定律数据记录

项目	I_1/mA	I_2/mA	I_3/mA	$\sum I$/mA	U_{AB}/V	U_{BE}/V	U_{EF}/V	U_{FA}/V	$\sum U$/V	U_{BC}/V	U_{CD}/V	U_{DE}/V	U_{EB}/V	$\sum U$/V
理论值														
测量值														
相对误差%				无										无

②电位的测量

实验表 1.2.2　电位的测量数据记录

项目		V_A/V	V_B/V	V_C/V	V_D/V	V_E/V	V_F/V
参考点 E	理论值						
	测量值						
	相对误差%					无	
参考点 B	理论值						
	测量值						
	相对误差%		无				

2）实验结论

四、扩展实验内容

扩展实验内容的预习与实验报告，请在附页中完成。

五、实验仿真

将所有实验电路进行仿真，打印仿真电路图，附在实验报告后。

六、实验总结

记录本次实验中遇到的各种情况（例如，实验中遇到的问题、故障及其分析和处理方法等），总结实验体会。

得分_____ 评阅教师_____

姓名＿＿＿＿＿＿＿＿＿ 学号＿＿＿＿＿＿＿＿＿ 专业班级＿＿＿＿＿＿＿＿ 实验台号＿＿＿＿＿＿＿＿＿

附页：扩展实验任务——记录实验中遇到的故障

1）实验过程

2）实验结论

实验报告 1.3　叠加原理与等效电源定理的研究

一、实验目的

三、基本实验内容

（一）验证叠加原理

1．预习部分

画出实验电路图，标明实际电路参数，将待测数据进行理论计算，填入实验表格。

二、实验仪器及元器件（实际用到的）

2．实验部分

1）实验数据

实验表 1.3.1　验证叠加原理数据记录

电源	I_1/mA		I_2/mA		I_3/mA		U_1/V		U_2/V		U_3/V	
	理论值	测量值	理论值	测量值	理论值	测量值	理论值	测量值	理论值	测量值	理论值	测量值
U_{S1} 作用												
U_{S2} 作用												
U_{S1} 和 U_{S2} 作用												

2）实验结论

（二）验证戴维南定理

1．预习部分

画出实验电路图，标明实际电路参数，将待测数据进行理论计算，填入实验表格。

2．实验部分

1）实验数据

实验表 1.3.2　验证戴维南定理数据记录 1

	开路电压 U_{OC}/V	短路电流 I_S/mA	等效内阻 R_0/Ω
理论值			
测量值			

实验表 1.3.3　验证戴维南定理数据记录 2

	U_L/V	I_L/mA
有源二端网络		
戴维南等效电路		

2）实验结论

四、扩展实验内容

扩展实验内容的预习与实验报告，请在附页中完成。

五、实验仿真

将所有实验电路进行仿真，打印仿真电路图，附在实验报告后。

六、实验总结

记录本次实验中遇到的各种情况（例如，实验中遇到的问题、故障及其分析和处理方法等），总结实验体会。

得分_____ 评阅教师_____

附页：扩展实验任务——验证最大功率传输定理和诺顿定理

1．预习部分

画出实验电路图，标明实际电路参数，自拟表格和测量方案，估算好待测数据的理论值。

2．实验部分

1）实验数据

2）实验结论

实验报告 1.4　典型电信号的观察与测量

一、实验目的

二、实验仪器及元器件（实际用到的）

三、基本实验内容

（一）示波器自检

1．预习部分

简述示波器自检的操作步骤，画出 DC 耦合与 AC 耦合自检信号的波形图，并说明什么时候应该用 DC 耦合，什么时候应该用 AC 耦合。

2．实验部分

1）实验数据

实验表 1.4.1　示波器自检数据记录

名称	位置	名称	位置	所占格数	波形参数	
SOURCE		VOLTS/DIV		峰峰值	峰峰值	
COUPLING						
VERT MODE		TIME/DIV		一个周期	周期/频率	

2）实验结论

（二）观测正弦波信号

1．预习部分

简述交流毫伏表与万用表交流电压挡的异同。

2．实验部分

1）实验数据

实验表 1.4.2　观测正弦波信号数据记录

项　　目	1kHz	10kHz	自选频率
交流毫伏表读数/V	1	0.2	1.5
TIME/DIV 位置			
一个周期所占格数			
信号周期/ms			
信号频率/kHz			
VOLTS/DIV 位置			
峰峰值所占格数			
峰峰值/V			
计算所测信号的有效值/V			
相对误差			

2）实验结论

（三）观测矩形脉冲信号

1．实验数据

实验表 1.4.3　观测矩形波信号数据记录

信　　号	500Hz/1V_{PP}	2kHz/2V_{PP}	自　选
占空比	80%	20%	
TIME/DIV 位置			
高电平所占格数			
低电平所占格数			
信号周期/ms			
信号频率/kHz			
VOLTS/DIV 位置			
峰峰值所占格数			
峰峰值/V			

2．实验结论

四、扩展实验内容

扩展实验内容的预习与实验报告，请在附页中完成。

五、实验仿真

将所有实验电路进行仿真，打印仿真电路图，附在实验报告后。

六、实验总结

记录本次实验中遇到的各种情况（例如，实验中遇到的问题、故障及其分析和处理方法等），总结实验体会。

得分_____ 评阅教师_____

附页：扩展实验任务

（一）观测方波信号

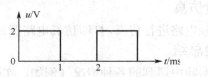

1. 实验数据

实验表 1.4.4　观测方波信号数据记录

TIME/DIV 位置		VOLTS/DIV 位置	
高电平所占格数		峰峰值所占格数	
低电平所占格数		峰峰值/V	
信号周期/ms		直流偏移/V	
信号频率/Hz		耦合方式	

2. 实验结论

（二）观测三角波和锯齿波信号

1. 操作过程

2. 实验波形图

3. 实验结论

实验报告 1.5　RC 一阶电路暂态过程的分析与研究

一、实验目的

二、实验仪器及元器件（实际用到的）

三、基本实验内容

（一）RC 一阶电路方波响应

1. 预习部分

画出实验电路图，标明实际电路参数，分析信号源及电路参数的变化对 RC 一阶电路方波响应的影响。

2．实验部分

1）实验数据

实验表 1.5.1　RC 一阶电路方波响应数据记录

电路参数	方波信号	输入、输出波形图	时间常数 τ/s
$R=$ $C=0.1\mu F$	$V_{iPP}=1V$ $f=1kHz$		
$R=$ $C=$	$V_{iPP}=$ $f=$		

注：V_{iPP} 为峰峰值。

2）实验结论

（二）RC 微分电路和 RC 积分电路响应

1．预习部分

画出实验电路图，标明实际电路参数，分析信号源以及电路参数的变化对 RC 微分电路和积分电路响应的影响。

2．实验部分

1）实验数据

实验表 1.5.2　RC 微分电路与 RC 积分电路响应数据记录

电路参数		输入、输出波形图	计算时间常数/s
RC 微分电路	$R=$ $C=0.01\mu F$		
RC 积分电路	$R=$ $C=1\mu F$		

2）实验结论

四、扩展实验内容

扩展实验内容的预习与实验报告，请在附页中完成。

五、实验仿真

将所有实验电路进行仿真，打印仿真电路图，附在实验报告后。

六、实验总结

记录本次实验中遇到的各种情况（例如，实验中遇到的问题、故障及其分析和处理方法等），总结实验体会。

得分＿＿＿＿＿＿＿＿　评阅教师＿＿＿＿＿＿＿＿

附页：扩展实验任务

（一）测量矩形波与尖脉冲的转换电路

1. 预习部分

画出实验电路图，标明实际电路参数。

2. 实验部分

1）实验波形

2）实验结论

（二）测量矩形波与三角波的转换电路

1. 预习部分

画出实验电路图，标明实际电路参数。

2. 实验部分

1）实验波形

2）实验结论

实验报告 1.6　RLC 串联电路的频率特性

一、实验目的

二、实验仪器及元器件（实际用到的）

三、基本实验内容

（一）测量 RLC 串联电路的阻抗特性

1. 预习部分

画出实验电路图，标明实际电路参数。

2. 实验部分

1）实验数据

实验表 1.6.1　RLC 串联电路的阻抗特性数据记录

频率 f/kHz		1	2	5	10	20
R	U_R/V					
	I_R/mA					
	$R=U_R/I_R$					
L	U_L/V					
	I_L/mA					
	$X_L=U_L/I_L$					
C	U_C/V					
	I_C/mA					
	$X_C=U_C/I_C$					

2）画出 RLC 的阻抗频率特性曲线

3）实验结论

（二）测量 RLC 串联电路的谐振特性

1. 预习部分

画出实验电路图，标明实际电路参数。

2. 实验部分

1）实验数据

实验表 1.6.2 RLC 串联电路的谐振特性数据记录 1

U_i(有效值)= 2V，$R =$ Ω，$L =$ H，$C =$ F，$f_0 =$ Hz，$Q =$ ，$I_0 =$ A								
f/kHz								
U_R/V								
U_L/V								
U_C/V								
I/mA								

绘出 I 随 f 变化的关系曲线：

实验表 1.6.3　RLC 串联电路的谐振特性数据记录 2

U_i(有效值)= 2V, R = 　Ω, L = 　H, C = 　F, f_0 = 　Hz, Q = 　, I_0 = 　A									
f/kHz									
U_R/V									
U_L/V									
U_C/V									
I/mA									

绘出 I 随 f 变化的关系曲线：

2）实验结论

四、扩展实验内容

扩展实验内容的预习与实验报告，请在附页中完成。

五、实验仿真

将所有实验电路进行仿真，打印仿真电路图，附在实验报告后。

六、实验总结

记录本次实验中遇到的各种情况（例如，实验中遇到的问题、故障及其分析和处理方法等），总结实验体会。

得分_____ 评阅教师_____

附页：扩展实验任务——测量文氏桥电路的幅频特性

1．预习部分

画出实验电路图，标明实际电路参数。

2．实验部分

1）取 $R=1\mathrm{k}\Omega$，$C=0.1\mu\mathrm{F}$。

实验表 1.6.4　文氏桥电路的幅频特性数据记录 1

$R=1\mathrm{k}\Omega$ $C=0.1\mu\mathrm{F}$	f/Hz			f_0		
	U_o/V					
$R=200\Omega$ $C=2.2\mu\mathrm{F}$	f/Hz			f_0		
	U_o/V					

绘制文氏桥电路的幅频特性曲线：

2）取 $R=200\Omega$，$C=2.2\mu\mathrm{F}$。

实验表 1.6.5　文氏桥电路的幅频特性数据记录 2

$R=1\mathrm{k}\Omega$ $C=0.1\mu\mathrm{F}$	f/Hz				f_0	
	U_o/V					
$R=200\Omega$ $C=2.2\mu\mathrm{F}$	f/Hz				f_0	
	U_o/V					

绘制文氏桥电路的幅频特性曲线：

3．实验结论

实验报告1.7　感性电路的测量及功率因数的提高

一、实验目的

二、实验仪器及元器件（实际用到的）

三、基本实验内容

（一）测量日光灯电路并联电容前的参数

1．预习部分

画出实验电路图。

2．实验部分

1）实验数据

实验表 1.7.1　日光灯电路并联电容前数据记录

U/V	U_R/V	U_{RL}/V	I/mA	P/W	P_R/W	P_{RL}/W	$\cos\varphi$

2）实验结论

（二）测量日光灯电路并联电容后的参数

1．预习部分

画出实验电路图。

2．实验部分

1）实验数据

实验表 1.7.2　日光灯电路并联电容后数据记录

电容	测量数据					计算
$C/\mu F$	U/V	I/mA	I_{R1}/mA	I_C/mA	P/W	$\cos\varphi$
1						
2						
3						
3.7						
4.7						
5.7						
6.7						

2）实验结论

四、扩展实验内容

扩展实验内容的预习与实验报告，请在附页中完成。

五、实验仿真

将所有实验电路进行仿真，打印仿真电路图，附在实验报告后。

六、实验总结

记录本次实验中遇到的各种情况（例如，实验中遇到的问题、故障及其分析和处理方法等），总结实验体会。

得分_____　评阅教师_____

附页：扩展实验任务——日光灯电路的简单故障　排除

1．实验过程

2．实验结论

实验报告 1.8　三相正弦交流电路的研究

一、实验目的

二、实验仪器及元器件（实际用到的）

三、基本实验内容

（一）测量三相四线制电源的相电压、线电压

1．预习部分

画出实验电路图。

2．实验部分

1）实验数据

实验表 1.8.1　三相四线制电源的相电压、线电压数据记录

项目	U_{AB}/V	U_{BC}/V	U_{CA}/V	U_{AN}/V	U_{BN}/V	U_{CN}/V
380V 电源						

2）实验结论

（二）三相负载星形连接电路

1．预习部分

画出实验电路图。

实验表 1.8.3　三相负载星形连接电路功率数据记录

项目		P_1/W	P_2/W	P_3/W	P_{sum}/W
星形 对称	三表法				
	两表法				

2）实验结论

2．实验部分

1）实验数据

实验表 1.8.2　三相负载星形连接电路电压、电流数据记录

项目		线电压/V			负载相电压/V			线电流/mA			I_N/mA
		U_{AB}	U_{BC}	U_{CA}	U_{AN}/U'_{AN}	U_{BN}/U'_{BN}	U_{CN}/U'_{CN}	I_A	I_B	I_C	
对称 负载	有中线										
	无中线										无
不对称 负载	有中线										
	无中线										无

（三）三相负载三角形连接电路

1．预习部分

画出实验电路图。

2．实验部分

1）实验数据

实验表 1.8.4　三相负载三角形连接电路电压、电流数据记录

项目	线电压/V			线电流/mA			相电流/mA		
	U_{AB}	U_{BC}	U_{CA}	I_A	I_B	I_C	I_{AB}	I_{BC}	I_{CA}
对称负载									
不对称负载									

实验表 1.8.5　三相负载三角形连接电路功率数据记录

项目			P_1/W	P_2/W	P_3/W	P_{sum}/W
三角形	对称	三表法				
		两表法				
	不对称	三表法				
		两表法				

2）实验结论

四、扩展实验内容

扩展实验内容的预习与实验报告，请在附页中完成。

五、实验仿真

将所有实验电路进行仿真，打印仿真电路图，附在实验报告后。

六、实验总结

记录本次实验中遇到的各种情况（例如，实验中遇到的问题、故障及其分析和处理方法等），总结实验体会。

得分_____　评阅教师_____

附页：扩展实验任务——设计相序指示器

1. 预习部分

画出实验电路图，并分析工作原理。

2. 实验部分

1）实验过程

2）实验结论

实验报告 2.1　基本放大电路的研究

一、实验目的

二、实验仪器及元器件（实际用到的）

三、基本实验内容

（一）放大电路的静态工作点

1．预习部分

1）复习晶体管的结构特性，如何利用实验室条件测试晶体管的好坏，以及测量晶体管的 β 值？

2）画出电路图，并标明电路参数，估算最佳静态工作点，分析 R_P 的取值对静态工作点的影响。

2．实验部分

1）调整静态工作点，完成以下表格，并画出输入、输出波形图。

实验表 2.1.1　静态工作点对输出波形的影响数据记录

	截止失真	饱和失真	既饱和又截止失真
静态 工作点	U_{CE} =	U_{CE} =	U_{CE} =
	I_E =	I_E =	I_E =
	R_{B2} =	R_{B2} =	R_{B2} =
波形参数	V_{iPP} =	V_{iPP} =	V_{iPP} =
	U_{omax} =	U_{omax} =	U_{omax} =
	U_{omin} =	U_{omin} =	U_{omin} =
输入与输出 波形图			

注：V_{iPP} 为峰峰值，U_{omax} 为顶端值，U_{omin} 为底端值。

2）最大不失真输出电压有效值为＿＿＿＿＿＿，其静态工作点为＿＿＿＿＿＿。

3）分析波形失真的原因，总结放大电路进行最佳静态工作点调整的目的。

（二）放大电路的动态参数

1．预习部分

画出微变等效电路图，估算电压放大倍数，输入电阻和输出电阻。

2．实验部分

1）测量电压放大倍数 A_u

实验表 2.1.2　测量电压放大倍数的数据记录

条件	U_i	U_o	A_u
R_C=2kΩ R_L=∞			
R_C=1kΩ R_L=∞			
R_C=2kΩ R_L=2kΩ			

2）测量输入电阻 R_i

实验表 2.1.3　测量输入电阻的数据记录

R_S	U_S	U_i	R_i

3）测量输出电阻 R_o

实验表 2.1.4　测量输出电阻的数据记录

R_C	U_o'	U_o	R_o
2kΩ			
1kΩ			

4）测量幅频特性，并画出幅频特性曲线。

实验表 2.1.5　测量幅频特性的数据记录

f	$f_L=$			$f_M=$			$f_H=$	
U_i								
U_o								
A_u								

幅频特性曲线：

5）总结影响 A_u 的因素有哪些？R_i 对放大电路输入端外特性有何影响？R_o 对放大电路输出端外特性有何影响？

四、扩展实验内容

扩展实验内容的预习与实验报告，请在附页中完成。

五、实验仿真

将所有实验电路进行仿真，打印仿真电路图，附在实验报告后。

六、实验总结

记录本次实验中遇到的各种情况（例如，实验中遇到的问题、故障及其分析和处理方法等），总结实验体会。

得分_____ 评阅教师_____

附页：扩展实验任务——调试共集电极放大电路

1．预习部分

画出电路图，并标明电路参数，估算最佳静态工作点、电压放大倍数、输入电阻和输出电阻。

2．实验部分

1）实验过程及实验数据

2）实验结论

实验报告 2.2　直流线性稳压电源的研究

一、实验目的

二、实验仪器及元器件（实际用到的）

三、基本实验内容

（一）整流、滤波电路

1．预习部分

1）复习单相半波整流、滤波电路的工作原理，画出相关电路图，标明电路参数，估算各种情况下的输出电压。

2）复习单相桥式整流、滤波电路的工作原理，画出相关电路图，标明电路参数，估算各种情况下的输出电压。

2．实验部分

1）实验数据

实验表 2.2.1　整流、滤波电路数据记录

输出电压			无滤波	电容滤波			π 型滤波
				10μF	100μF	220μF	
半波整流	带载电压 U_o/V	测量值					
		波形图	①	②	③	④	⑤
	空载电压 U_o/V						
桥式整流	带载电压 U_o/V	测量值					
		波形图	⑥	⑦	⑧	⑨	⑩
	空载电压 U_o/V						

2）实验波形

3）实验结论

（二）电容滤波电路外特性

1．预习部分

画出电路图，标明电路参数，估算输出电压。

2．实验部分

1）实验数据

实验表 2.2.2　电容滤波电路外特性数据记录

输出电流/mA	0	40	60	80	100
输出电压/V					

2）外特性曲线

3）实验结论

（三）稳压电路外特性

1．预习部分

画出电路图，标明电路参数，估算输出电压。

2．实验部分

1）实验数据

实验表 2.2.3　稳压电路外特性数据记录

输出电流/mA	0	60	80	100
输出电压/V				

2）外特性曲线

3）实验结论

四、扩展实验内容

扩展实验内容的预习与实验报告，请在附页中完成。

五、实验仿真

将所有实验电路进行仿真，打印仿真电路图，附在实验报告后。

六、实验总结

记录本次实验中遇到的各种情况（例如，实验中遇到的问题、故障及其分析和处理方法等等），总结实验体会。

得分＿＿＿＿＿＿＿＿＿　评阅教师＿＿＿＿＿＿＿＿＿

附页：扩展实验任务——可调直流线性稳压电源的
　　　设计

1. 预习部分

画出系统整体框图，以及各模块的功能电路图，并标明电路参数，估算输出电压值。

2. 实验部分

1）实验过程

2）实验数据

3）实验结论

实验报告 2.3　集成运算放大器的基本应用

一、实验目的

二、实验仪器及元器件（实际用到的）

三、基本实验内容

（一）反相比例运算电路

1．预习部分

画出反相比例运算电路图，标明实际电路参数，写出输出电压的表达式。

2．实验部分

1）实验数据

实验表 2.3.1　反相比例运算电路数据记录

u_i/V	0	0.5	−0.5
理论值 u_o/V			
测量值 u_o/V			
相对误差（%）	无		

2）实验结论

（二）同相比例运算电路

1．预习部分

画出同相比例运算电路图，标明实际电路参数，写出输出电压的表达式。

（三）反相加法运算电路

1．预习部分

画出反相加法运算电路图，标明实际电路参数，写出输出电压的表达式。

2．实验部分

1）实验数据

实验表 2.3.2　同相比例运算电路数据记录

u_i/V	0	0.5	−0.5
理论值 u_o/V			
测量值 u_o/V			
相对误差（%）	无		

2）实验结论

2．实验部分

1）实验数据

① 当输入 $u_{i1}=u_{i2}=0$ 时，输出电压 u_o 为＿＿＿＿＿＿。

② 当输入 $u_{i1}=0.1$V，$u_{i2}=-0.5$V（直流信号）时，输出电压 u_o 为＿＿＿＿＿＿。

③ 当输入 $u_{i1}=0.2$V，U_{i2}(有效值)$=0.1$V（$f=500$Hz）正弦波时，输出波形为：

2）实验结论

2. 实验部分

1）实验数据

①当输入 $u_{i1}=u_{i2}=0$ 时，输出电压 u_o 为＿＿＿＿＿＿；

②当输入 $u_{i1}=0.1V$，$u_{i2}=0.5V$(直流信号)时，输出电压 u_o 为＿＿＿＿＿＿。

2）实验结论

（四）差动运算电路

1. 预习部分

画出差动运算电路图，标明实际电路参数，写出输出电压的表达式。

（五）积分运算电路

1. 预习部分

画出积分运算电路图，标明实际电路参数，写出输出电压的表达式。

2．实验部分

1）实验数据

实验表 2.3.3　积分运算电路测量数据记录

	输入、输出波形图
方波积分	
正弦波积分	

2）实验结论

四、扩展实验内容

扩展实验内容的预习与实验报告，请在附页中完成。

五、实验仿真

将所有实验电路进行仿真，打印仿真电路图，附在实验报告后。

六、实验总结

记录本次实验中遇到的各种情况（例如，实验中遇到的问题、故障及其分析和处理方法等等），总结实验体会。

得分＿＿＿＿＿＿＿＿＿＿　评阅教师＿＿＿＿＿＿＿＿＿＿

附页：扩展实验任务

（一）实现 $u_o=u_i$ 的运算电路

1．预习部分

画出电路图，标明实际电路参数，写出输出电压的表达式。

2．实验部分

1）实验数据

2）实验结论

（二）设计一个将矩形波转换成三角波的电路

1．预习部分

画出电路图，标明实际电路参数，写出输出电压的表达式。

2．实验部分

1）实验数据

2）实验结论

实验报告 2.4　集成运算放大器的线性应用

一、实验目的

二、实验仪器及元器件（实际用到的）

三、基本实验内容

（一）$u_o=10u_i$，输入电阻 $r_i>1\text{M}\Omega$

1. 预习部分

画出电路图，标明实际电路参数。

2. 实验部分

1）实验数据

2）实验结论

（二）$u_o = 2u_{i1} - 10u_{i2} - 5u_{i3}$

1．预习部分

画出电路图，标明实际电路参数。

2．实验部分

1）实验数据

2）实验结论

（三）$u_o = -\left(u_i + 1000\int u_i \mathrm{d}t\right)$

1．预习部分

画出电路图，标明实际电路参数。

2．实验部分

1）实验波形

2）实验结论

四、扩展实验内容

扩展实验内容的预习与实验报告，请在附页中完成。

五、实验仿真

将所有实验电路进行仿真，打印仿真电路图，附在实验报告后。

六、实验总结

记录本次实验中遇到的各种情况（例如，实验中遇到的问题、故障及其分析和处理方法等），总结实验体会。

得分＿＿＿＿＿＿＿＿＿　评阅教师＿＿＿＿＿＿＿＿＿

附页：扩展实验任务

（一）可调恒压源

1．预习部分

画出电路图，标明实际电路参数。

2．实验部分

1）实验数据

2）实验结论

（二）恒流源

1．预习部分

画出电路图，标明实际电路参数。

2．实验部分

1）实验数据

2）实验结论

实验报告 2.5　集成运算放大器的非线性应用

一、实验目的

二、实验仪器及元器件（实际用到的）

三、基本实验内容

（一）电压比较器

1．预习部分

① 画出过零电压比较器的电路图，标明实际电路参数。

② 画出滞回电压比较器的电路图，标明实际电路参数。

2．实验部分

1）实验数据

实验表 2.5.1　电压比较器数据记录

	输入和输出波形	传输特性曲线	阈值电压/V
过零电压 比较器			
滞回电压 比较器			

2）实验结论

（二）矩形波、三角波发生电路

1．预习部分

画出电路图，标明实际电路参数。

2．实验部分

1）实验波形

四、扩展实验内容

扩展实验内容的预习与实验报告，请在附页中完成。

五、实验仿真

将所有实验电路进行仿真，打印仿真电路图，附在实验报告后。

六、实验总结

记录本次实验中遇到的各种情况（例如，实验中遇到的问题、故障及其分析和处理方法等），总结实验体会。

2）实验结论

得分＿＿＿＿＿＿＿＿＿＿　评阅教师＿＿＿＿＿＿＿＿＿＿

附页：扩展实验任务——设计一个 f_0=500Hz 的 RC 正弦波振荡电路

1. 预习部分

画出电路图，标明实际电路参数。

2. 实验部分

1）实验波形

2）实验结论

实验报告 3.1 集成门电路的逻辑变换及应用

一、实验目的

三、基本实验内容

（一）与非门构成其他逻辑门

1．预习部分

1）复习逻辑代数的运算法则

从与门、或门、或非门、异或门、同或门中选择两种逻辑门，写出由与非门构成该逻辑门的逻辑变换过程，并画出逻辑变换实现的逻辑电路图和实验电路连线图。

①F＝_____＝_____；

②F＝_____＝_____。

2）画出逻辑电路图

二、实验仪器及元器件（实际用到的）

3）画出实验电路连线图

2. 实验部分

1）实验数据

实验表 3.1.1　与非门构成其他逻辑门的数据记录

输　　入		输　　　　出	
A	B	F=	F=
0	0		
0	1		
1	0		
1	1		
逻辑功能			

2）实验结论

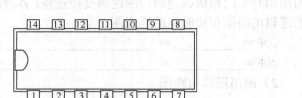

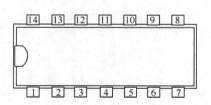

（二）与非门构成控制门

1．预习部分

1）按照图 3.1.3 的逻辑电路图画出实验电路连线图。

2）分析控制端 A 分别为 1 和 0 时，输出端 F 的状态，说明控制门的功能。

2．实验部分

1）实验数据（注：波形图要标明波形参数及输入和输出的时序关系）

实验表 3.1.2　与非门构成控制门的数据记录

A（电平）	0	1
B（波形图）		
F（波形图）		

2）实验结论

四、扩展实验内容

扩展实验内容的预习与实验报告，请在附页中完成。

五、实验仿真

将所有实验电路进行仿真，打印仿真电路图，附在实验报告后。

六、实验总结

记录本次实验中遇到的各种情况（例如，实验中遇到的问题、故障及其分析和处理方法等），总结实验体会。

得分＿＿＿＿＿＿＿＿　评阅教师＿＿＿＿＿＿＿＿

附页：扩展实验任务——与非门构成三人抢答电路

1. 预习部分

画出与非门构成三人抢答电路的实验连线图。

2. 实验部分

1）实验过程

2）实验数据

3）实验结论

实验报告 3.2　SSI 组合逻辑电路的设计

一、实验目的

二、实验仪器及元器件（实际用到的）

三、基本实验内容

（一）设计一个三人无弃权表决电路

1. 预习部分

1）写出完整设计过程（包括逻辑抽象、逻辑表达式、用逻辑运算法则或卡诺图进行化简的过程、化简后的逻辑表达式）

2）画出逻辑电路图

3）画出实验电路连线图

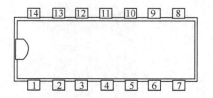

2．实验部分

1）实验数据

实验表 3.2.1　三人无弃权表决电路的数据记录

输入			输出
A	B	C	F

2）实验结论

（二）设计一个实现双控开关功能的逻辑电路

1．预习部分

1）写出完整设计过程（包括逻辑抽象、逻辑表达式、用逻辑运算法则或卡诺图进行化简的过程、化简后的逻辑表达式）

2）画出逻辑电路图

3）画出实验电路连线图

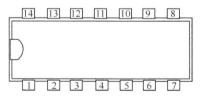

2．实验部分

1）实验数据

实验表 3.2.2　实现双控开关功能的逻辑电路的数据记录

输　　入		输　　出
A	B	Y

2）实验结论

四、扩展实验内容

扩展实验内容的预习与实验报告，请在附页中完成。

五、实验仿真

将所有实验电路进行仿真，打印仿真电路图，附在实验报告后。

六、实验总结

记录本次实验中遇到的各种情况（例如，实验中遇到的问题、故障及其分析和处理方法等），总结实验体会。

得分＿＿＿＿＿＿＿＿＿＿ 评阅教师＿＿＿＿＿＿＿＿＿＿

附页：扩展实验任务

（一）设计一个列车发车信号控制电路

1．预习部分

1）写出完整设计过程（包括逻辑抽象、逻辑表达式、用逻辑运算法则或卡诺图进行化简的过程、化简后的逻辑表达式）

2）画出逻辑电路图

3）画出实验电路连线图

2．实验部分

1）实验数据

实验表 3.2.3　列车发车信号控制电路的数据记录

输　入			输　出		
A	B	C	L_1	L_2	L_3

2）实验结论

（二）设计一个水库泄洪控制系统

1．预习部分

1）写出完整设计过程（包括逻辑抽象、逻辑表达式、用逻辑运算法则或卡诺图进行化简的过程、化简后的逻辑表达式）

2）画出逻辑电路图

3）画出实验电路连线图

2．实验部分

1）实验数据

2）实验结论

实验报告 3.3　双稳态触发器的应用

一、实验目的

二、实验仪器及元器件（实际用到的）

三、基本实验内容

（一）JK 触发器逻辑功能测试

1．预习部分

复习 JK 触发器的相关知识，回答以下问题。

1）如何使 JK 触发器清零？

2）JK 触发器的触发方式是_____，即 CP 脉冲的_____沿到来时，JK 触发器的输出根据输入状态发生变化，具体如下：

J=0、K=0 时，输出____；J=0、K=1 时，输出____；

J=1、K=0 时，输出____；J=1、K=1 时，输出____。

2．实验部分

1）实验数据

实验表 3.3.1　JK 触发器逻辑功能测试的数据记录

$\overline{R_D}$	$\overline{S_D}$	CP	J	K	Q_n	Q_{n+1}
0	1	×	×	×	×	
1	0	×	×	×	×	
1	1	↓	0	1	0 1	
1	1	↓	1	0	0 1	
1	1	↓	0	0	0 1	
1	1	↓	1	1	0 1	

J、K 端悬空时，Q 端的波形为：

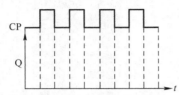

（注：波形图中要标明波形参数及输入与输出的时序关系。）

2）实验结论

（二）D 触发器逻辑功能测试

1．预习部分

复习 D 触发器的相关知识，回答以下问题。

1）如何使 D 触发器清零？

2）D 触发器的触发方式是＿＿＿＿＿＿＿＿＿＿，即 CP 端脉冲的＿＿＿＿＿＿沿到来时，D 触发器输出根据输入状态发生变化，具体为：D=0 时，输出＿＿＿＿＿；D=1 时，输出＿＿＿＿＿。

2．实验部分

1）实验数据

实验表 3.3.2　D 触发器逻辑功能测试的数据记录

$\overline{R_D}$	$\overline{S_D}$	CP	D	Q_n	Q_{n+1}
0	1	×	×	0	
				1	
1	0	×	×	0	
				1	
1	1	↑	0	0	
				1	
1	1	↑	1	0	
				1	

D 触发器接成计数器时，Q 端的波形为：

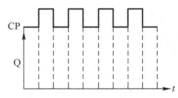

2）实验结论

（三）JK 触发器转换成 D 触发器

1．预习部分

1）画出 JK 触发器转换成 D 触发器的逻辑电路原理图。

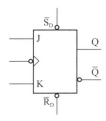

2）画出 JK 触发器转换成 D 触发器的实验电路连接图。

2．实验部分

1）实验数据

实验表 3.3.3　JK 触发器转换成 D 触发器的数据记录

$\overline{R_D}$	$\overline{S_D}$	CP	D	Q_n	Q_{n+1}
0	1	×	×	0	
				1	
1	0	×	×	0	
				1	
1	1	↑	J=K=0	0	
				1	
1	1	↑	J=K=1	0	
				1	

2）实验结论

（四）用 D 触发器组成三位异步二进制加法计数器

1．预习部分

画出由 D 触发器构成三位异步二进制加法计数器的实验电路接线图。

2．实验部分

1）实验数据

实验表 3.3.4　用 D 触发器组成三位异步二进制加法计数器的数据记录

CP	二进制数			十进制数
	Q_2	Q_1	Q_0	
0				
1				
2				
3				
4				
5				
6				
7				
8				

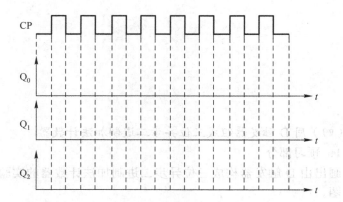

2）实验结论

四、扩展实验内容

扩展实验内容的预习与实验报告，请在附页中完成。

五、实验仿真

将所有实验电路进行仿真，打印仿真电路图，附在实验报告后。

六、实验总结

记录本次实验中遇到的各种情况（例如，实验中遇到的问题、故障及其分析和处理方法等），总结实验体会。

得分_____　评阅教师_____

附页：扩展实验任务——用 JK 触发器组成三位异步二进制加法计数器

1．预习部分

1）设计用 JK 触发器组成三位异步二进制加法计数器，画出逻辑电路图。

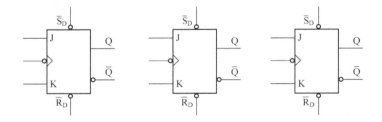

2）画出用 JK 触发器构成三位异步二进制加法计数器的实验电路连线图。

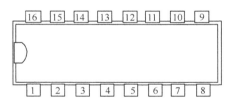

2．实验部分

1）实验数据

实验表 3.3.5　用 JK 触发器组成三位异步二进制加法计数器的数据记录

CP	二进制数			十进制数
	Q_2	Q_1	Q_0	
0				
1				
2				
3				
4				
5				
6				
7				
8				

2）实验结论

实验报告 3.4　中规模集成电路的应用

一、实验目的

二、实验仪器及元器件（实际用到的）

三、基本实验内容

（一）设计一个一位全加器

1．预习部分

1）列真值表、写出函数表达式

2）用 74LS86 和 74LS00 实现

①写出符合要求的函数表达式

②画出逻辑电路图

③画出实验电路连线图

②画出逻辑电路图

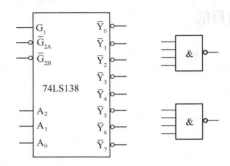

③画出实验电路连线图

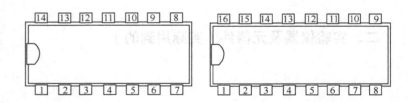

3）用 74LS138 和 74LS20 实现

①写出符合要求的函数表达式

4）用 74LS153 和 74LS00 实现

①写出符合要求的函数表达式

②画出逻辑电路图（与非门可根据需要增添）

2．实验部分

1）用 74LS86 和 74LS00 实现

①实验数据

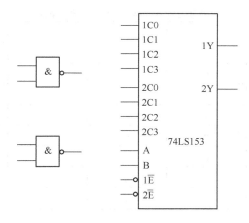

实验表 3.4.1　74LS86 的数据记录

A_i	B_i	C_i	S_i	C_{i+1}
0	0	0		
0	0	1		
0	1	0		
0	1	1		
1	0	0		
1	0	1		
1	1	0		
1	1	1		

③画出实验电路连线图

②实验结论

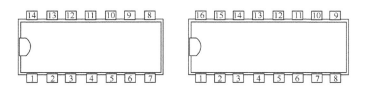

2）用 74LS138 和 74LS20 实现

①实验数据

实验表 3.4.2　74LS138 的数据记录

A_i	B_i	C_i	S_i	C_{i+1}
0	0	0		
0	0	1		
0	1	0		
0	1	1		
1	0	0		
1	0	1		
1	1	0		
1	1	1		

②实验结论

3）用 74LS153 和 74LS00 实现

①实验数据

实验表 3.4.3　74LS153 的数据记录

A_i	B_i	C_i	S_i	C_{i+1}
0	0	0		
0	0	1		
0	1	0		
0	1	1		
1	0	0		
1	0	1		
1	1	0		
1	1	1		

②实验结论

（二）设计一个广告流水灯

1. 预习部分

1）画出逻辑电路图

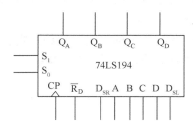

2）画出实验电路连线图

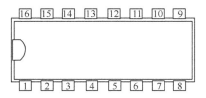

2. 实验部分

实验过程与结论：

（三）用 74LS90 设计七进制计数器

1. 预习部分

画出逻辑电路图和实验电路连线图。

2．实验部分

1）实验数据

四、扩展实验内容

扩展实验内容的预习与实验报告，请在附页中完成。

五、实验仿真

将所有实验电路进行仿真，打印仿真电路图，附在实验报告后。

六、实验总结

记录本次实验中遇到的各种情况（例如，实验中遇到的问题、故障及其分析和处理方法等），总结实验体会。

2）实验结论

得分_____ 评阅教师_____

附页：扩展实验任务——设计简易数字电子钟

1. 预习部分

1）画出逻辑电路图

2）画出实验电路连线图

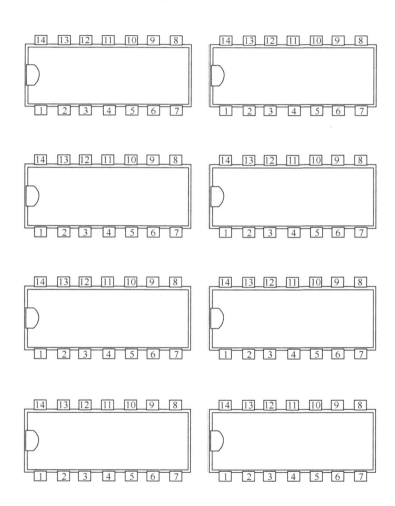

2．实验部分

1）实验过程

2）实验结论

实验报告 3.5　555 定时器的应用

一、实验目的

二、实验仪器及元器件（实际用到的）

三、基本实验内容

（一）用 555 定时器构成单稳态触发器

1．预习部分

1）用 555 定时器构成一个暂稳态时间约为 1s 的单稳态触发器，若 $C=10\mu F$，则图 3.5.1 中的 $R=$_____。

2）用 555 定时器构成的单稳态电路对输入信号有何要求？

3）画出用 555 定时器构成单稳态触发器的实验电路连线图。

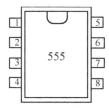

2．实验部分

1）实验过程

2）实验结论

（二）用 555 定时器构成无稳态触发器（多谐振荡器）

1．预习部分

1）用 555 定时器构成一个多谐振荡器，振荡频率约为 150Hz，占空比约为 70%，若 $C=0.1\mu F$，则图 3.5.2 中的 $R_1=$＿＿＿＿，$R_2=$＿＿＿＿。

2）画出用 555 定时器构成多谐振荡器的实验电路连线图

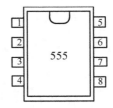

2．实验部分

1）实验数据

①电容电压和输出电压的波形

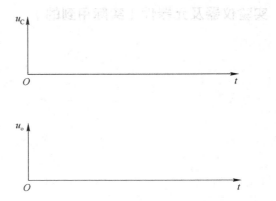

②占空比

③频率

2）实验结论

（三）用 555 定时器构成施密特触发器

1．预习部分

画出用 555 定时器构成施密特触发器的实验电路连线图。

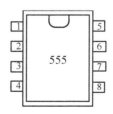

2．实验部分

1）实验数据

①输入和输出电压的波形

②传输特性曲线

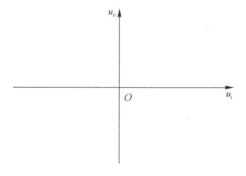

2）实验结论

四、扩展实验内容

扩展实验内容的预习与实验报告，请在附页中完成。

五、实验仿真

将所有实验电路进行仿真，打印仿真电路图，附在实验报告后。

六、实验总结

记录本次实验中遇到的各种情况（例如，实验中遇到的问题、故障及其分析和处理方法等），总结实验体会。

得分＿＿＿＿＿＿＿＿ 评阅教师＿＿＿＿＿＿＿＿

附页：扩展实验任务

（一）用 555 定时器构成占空比可调的矩形波发生器

1．预习部分

1）用 555 定时器构成占空比可调的矩形波发生器，振荡频率约为 90Hz，占空比调节范围为 20%～80%，若 C=0.1μF，则图 3.5.4 中的 R_1=____，R_2=____，R_P=____。

2）画出用 555 定时器构成占空比可调的矩形波发生器的实验电路连线图。

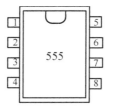

2．实验部分

1）实验数据

①输出电压的波形

②最大占空比

③最小占空比

2）实验结论

（二）用 555 定时器构成警笛电路

1．预习部分

1）设计用 555 定时器构成警笛电路的逻辑电路图

2）画出用 555 定时器构成警笛电路的实验电路连线图

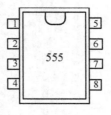

2．实验部分

1）实验数据

①输出电压的波形

②最高频率 $f_{\max}$

③最低频率 $f_{\min}$

2）实验结论

实验报告 4.1　变压器的应用研究

一、实验目的

二、实验仪器及元器件（实际用到的）

三、基本实验内容

（一）变压器的初步认识

1．预习部分

填写变压器的额定数据，写出理想变压器变换电压、变换电流、变换阻抗的公式。

2．实验部分

1）实验数据

实验表 4.1.1　变压器的初步认识的数据记录

铭牌值			理论值		测量值	
额定容量	一次额定电压	二次额定电压	一次额定电流	二次额定电流	一次绕组线圈电阻	二次绕组线圈电阻

2）实验结论

（二）变压器变比的测量

1．预习部分

画出实验电路图，标明实际电路参数。

2．实验部分

1）实验数据

实验表 4.1.2　变压器变比的测量数据记录

U_1/V	U_{20}/V	K

2）实验结论

（三）变压器外特性的测量

1．预习部分

画出实验电路图，标明实际电路参数。

2．实验部分

1）实验数据

实验表 4.1.3　变压器外特性的测量数据记录

项　　目	I_1/mA	I_2/mA	U_2/V
1 个白炽灯			
2 个白炽灯			
3 个白炽灯			

2）实验结论

（四）变压器绕组同名端的测量

1．预习部分

画出实验电路图，标明实际电路参数。

四、扩展实验内容

扩展实验内容的预习与实验报告，请在附页中完成。

五、实验总结

记录本次实验中遇到的各种情况（例如，实验中遇到的问题、故障及其分析和处理方法等），总结实验体会。

2．实验部分

1）实验数据

实验表4.1.4 变压器绕组同名端的测量数据记录

U_{12}/V	U_{34}/V	U_{13}/V	$(U_{12}+U_{34})$/V	$(U_{12}-U_{34})$/V

2）实验结论

得分_____ 评阅教师_____

附页：扩展实验任务

（一）变压器的空载实验

1．预习部分

画出实验电路图，标明实际电路参数。

2．实验部分

1）实验数据

实验表 4.1.5　变压器的空载实验数据记录

	1	2	3	4	5	6	7
U_1/V							
I_0/mA							
P_0/W							

2）实验结论

（二）变压器的短路实验

1．预习部分

画出实验电路图，标明实际电路参数。

2．实验部分

1）实验数据

实验表 4.1.6　变压器的短路实验数据记录

U_K/V	I_K/mA	P_K/W	P_{Cu}/W	η

2）实验结论

实验报告 4.2　三相异步电动机的基本控制

一、实验目的

三、基本实验内容

（一）电动机直接启/停的控制电路

1．预习部分

分析图 4.2.1 控制电路的控制过程。

2.实验部分

1）实验过程

二、实验仪器及元器件（实际用到的）

2）实验结论

（二）电动机既能点动又能连续运行的控制电路

1．预习部分

分析图 4.2.2 控制电路的控制过程。

（三）电动机正/反转的控制电路

1．预习部分

分析图 4.2.3（b）、（c）控制电路的控制过程，以及各保护元器件的作用。

2.实验部分

1）实验过程

2）实验结论

2．实验部分

1）实验过程

四、扩展实验内容

扩展实验内容的预习与实验报告，请在附页中完成。

五、实验总结

记录本次实验中遇到的各种情况（例如，实验中遇到的问题、故障及其分析和处理方法等），总结实验体会。

2）实验结论

得分_____ 评阅教师_____

附页：扩展实验任务——两台电动机的顺序控制

1．预习部分

画出控制电路图，分析控制过程。

2．实验部分

1）实验过程

2）实验结论

实验报告 4.3　三相异步电动机的时间控制与行程控制

一、实验目的

二、实验仪器及元器件（实际用到的）

三、基本实验内容

（一）电动机的时间控制

1. 预习部分

分析图 4.3.1 控制电路的控制过程。

2．实验部分

1）实验过程

（二）电动机的行程控制

1．预习部分

分析图4.3.2控制电路的控制过程。

2）实验结论

2．实验部分

1）实验过程

四、扩展实验内容

扩展实验内容的预习与实验报告，请在附页中完成。

五、实验总结

记录本次实验中遇到的各种情况（例如，实验中遇到的问题、故障及其分析和处理方法等），总结实验体会。

2）实验结论

得分＿＿＿＿＿＿＿＿　　评阅教师＿＿＿＿＿＿＿＿

附页：扩展实验任务

实现使工作台运动到终点并停留 2 分钟后自动后退，运动至原位后停止的控制电路。

1．预习部分

画出控制电路图，分析控制过程。

2．实验部分

1）实验过程

2）实验结论

实验报告 4.4　三相异步电动机的 Y-△ 启动控制

一、实验目的

二、实验仪器及元器件（实际用到的）

三、基本实验内容

（一）手动控制的 Y-△ 降压启动

1. 预习部分

分析图 4.4.1 控制电路的控制过程。

2．实验部分

1）实验数据

①当开关 Q_2 合向上方，电动机采用△形连接直接启动时，电流表的最大读数为：$I_{\triangle S}=$_____。

②将开关 Q_2 合向下方，电动机采用 Y 形连接直接启动时，电流表的最大读数为：$I_{YS}=$_____。

2）实验结论

（二）接触器控制的 Y-△降压启动

1．预习部分

分析图 4.4.2 控制电路的控制过程。

2．实验部分

1）实验数据

①按下按钮 SB_2，电动机以 Y 形连接启动，启动时电流表的最大读数为：$I_{YS}=$_____。

②先按下按钮 SB_1，再按下按钮 SB_2，电动机以△形连接启动时，电流表的最大读数为：$I_{\triangle S}=$_____。

2）实验结论

（三）利用通电延时的时间继电器进行电动机 Y-△ 自动换接的降压启动

1．预习部分

画出控制电路图，分析控制过程。

2．实验部分

1）实验数据

①按下按钮 SB_1，Y-△降压启动所需要的时间为＿＿＿＿＿＿＿s。

②调节时间继电器的整定时间，Y-△自动换接降压启动所需要的时间为＿＿＿＿＿＿＿s。

2）实验结论

四、扩展实验内容

扩展实验内容的预习与实验报告，请在附页中完成。

五、实验总结

记录本次实验中遇到的各种情况（例如，实验中遇到的问题、故障及其分析和处理方法等），总结实验体会。

得分＿＿＿＿＿＿＿＿　　评阅教师＿＿＿＿＿＿＿＿

附页：扩展实验任务

利用断电延时的时间继电器实现电动机 Y-△ 自动换接的降压启动。

1．预习部分

画出控制电路图，分析控制过程。

2．实验部分

1）实验数据

按下启动按钮，电动机按 Y 形连接启动，过一段时间后，以 △ 形连接正常运动，Y-△ 降压启动所需要的时间为_____s。

2）实验结论

实验报告 4.5　西门子 LOGO!控制电路的设计

一、实验目的

二、实验仪器及元器件（实际用到的）

三、基本实验内容

（一）利用 LOGO!实现电动机的启/保/停控制

1．预习部分

1）画出主电路图

2）编写电气控制程序

3）写出 I/O 分配表

4）写出 LOGO!控制程序

2. 实验部分

1）实验过程

2）实验结论

（二）利用 LOGO!实现电动机的顺序控制

1．预习部分

1）画出主电路图

3）写出 I/O 分配表

2）编写电气控制程序

4）写出 LOGO!控制程序

2．实验部分

1）实验过程

四、扩展实验内容

扩展实验内容的预习与实验报告，请在附页中完成。

五、实验总结

记录本次实验中遇到的各种情况（例如，实验中遇到的问题、故障及其分析和处理方法等），总结实验体会。

2）实验结论

得分＿＿＿＿＿＿＿　评阅教师＿＿＿＿＿＿＿

附页：扩展实验任务

    利用 LOGO!实现电动机的正/反转控制。

    1．预习部分

    1）画出主电路图

2）编写电气控制程序

3）写出 I/O 分配表

4）写出 LOGO!控制程序

2. 实验部分

1）实验过程

2）实验结论

实验报告 4.6　PLC 应用基础

一、实验目的

二、实验仪器及元器件（实际用到的）

三、基本实验内容

（一）调试电动机启/保/停程序

1. 预习部分

1）编写电动机启/保/停程序（可另附页）

2. 实验部分

1）实验过程

2）实验结论

四、扩展实验内容

扩展实验内容的预习与实验报告，请在附页中完成。

五、实验总结

记录本次实验中遇到的各种情况（例如，实验中遇到的问题、故障及其分析和处理方法等），总结实验体会。

得分＿＿＿＿＿＿＿＿＿　评阅教师＿＿＿＿＿＿＿＿＿

附页：扩展实验任务

调试一个周期为 2 秒的闪烁电路控制程序。

1．预习部分

编写闪烁电路的控制程序。

2．实验部分

1）实验过程

2）实验结论

实验报告 4.7　PLC 应用设计

一、实验目的

二、实验仪器及元器件（实际用到的）

三、基本实验内容

（一）用 PLC 实现电动机的直接启/停控制

1.预习部分

1）写出 I/O 分配表

2）编写梯形图程序

2．实验部分

1）实验过程

（二）用 PLC 实现电动机的时间控制

1．预习部分

1）写出 I/O 分配表

2）编写梯形图程序

2）实验结论

2．实验部分

1）实验过程

（三）用 PLC 实现电动机的正/反转控制

1．预习部分

1）写出 I/O 分配表

2）编写梯形图程序

2）实验结论

2．实验部分

1）实验过程

四、扩展实验内容

扩展实验内容的预习与实验报告，请在附页中完成。

五、实验总结

记录本次实验中遇到的各种情况（例如，实验中遇到的问题、故障及其分析和处理方法等），总结实验体会。

2）实验结论

得分_____ 评阅教师_____

附页：扩展实验任务

用 PLC 实现交通灯的控制。

1. 预习部分

1）写出 I/O 分配表

2）编写梯形图程序

2. 实验部分

1）实验过程

2）实验结论

参考文献

[1] 秦曾煌. 电工学（上册）电工技术. 7 版. 北京：高等教育出版社，2011.

[2] 秦曾煌. 电工学（下册）电子技术. 7 版. 北京：高等教育出版社，2011.

[3] 邱关源. 电路. 5 版. 北京：高等教育出版社，2011.

[4] 童诗白，华成英. 模拟电子技术基础. 4 版. 北京：高等教育出版社，2011.

[5] 徐淑华. 电工电子技术. 4 版. 北京：电子工业出版社，2017.

[6] 杨艳，徐淑华. 电工电子技术实验教程. 2 版. 北京：电子工业出版社，2015.

[7] 徐淑华. 电工电子实验教程. 济南：山东大学出版社，2005.

[8] 林育兹. 电工学实验. 北京：高等教育出版社，2010.

[9] 雷勇. 电工学实验. 北京：高等教育出版社，2009.

[10] 贾爱民，张伯尧. 电工电子学实验教程. 杭州：浙江大学出版社，2009.

[11] 杨育霞，章玉政，胡玉霞. 电路实验——操作与仿真. 郑州：郑州大学出版社，2003.

[12] 史仪凯. 电工电子技术. 北京：科学出版社，2009.

[13] 钱克猷，江维澄. 电路实验技术基础. 杭州：浙江大学出版社，2001.

[14] 付家才. 电工电子实践教程. 北京：化学工业出版社，2003.

[15] 廖常初. PLC 编程及应用. 北京：机械工业出版社，2004.

[16] 廖常初. PLC 编程及应用. 2 版. 北京：机械工业出版社，2005.

[17] 陈立定. 电气控制与可编程序控制器的原理及应用. 北京：机械工业出版社，2004.

[18] 陈志新，宗学军. 电器与 PLC 控制技术. 北京：中国林业出版社，2006.

[19] Theodore F Bogart, Jeffrey S Beasley, Guillermo Rico. 电子器件与电路. 6 版. 蔡勉，王建明，孙兴芳，译. 北京：清华大学出版社，2012.

[20] Nigel P Cook. 实用数字电子技术基础. 施惠琼，李黎明，译. 北京：清华大学出版社，2006.

[21] Paul Horowitz, Winfield Hill. 电子学. 2 版. 吴利民，余国文，欧阳华，等，译. 北京：电子工业出版社，2009.

[22] 查丽斌，李自勤. 电路与模拟电子技术基础习题及实验指导. 2 版. 北京：电子工业出版社，2012.

[23] 栾颖. MATLAB R2013a 基础与可视化编程. 北京：清华大学出版社，2014.

[24] 范秋华. EDA 技术及实验教程. 北京：电子工业出版社，2015.